KB056846

특이점의 신화

Le mythe de la Singularité
ⓒ Éditions du Seuil, 2017
All rights reserved.
Korean translation copyright ⓒ 2017 by Geulhangari Publishers
Korean translation rights arranged with Éditions du Seuil
through EYA(Eric Yang Agency).

이 책의 한국어판 저작권은 EYA(에릭양 에이전시)를 통해 Éditions du Seuil 사와 독점계약한 (주)글항아리에 있습니다. 저작권법에 의하여 한국 내에서 보호를 받는 저작물이므로 무단전재 및 복제를 금합니다.

인공지능을 두려워해야 하는가

특이점의 신화

Le mythe de la Singularité

Faut-il craindre l'intelligence artificielle?

장가브리엘 가나시아
Jean-Gabriel Ganascia

이두영 옮김

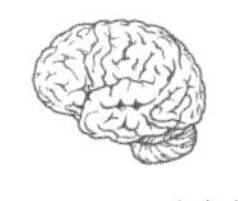

글항아리 사이언스

일 러 두 기

- 본문 하단 각주는 지은이가 부연 설명한 것이다.
- 첨자로 부연 설명한 것은 옮긴이 주다.

"자아의 증발과 집중에 관하여.
모든 것은 거기에 있다."

_샤를 보들레르, 「벌거벗은 내 마음」

Le mythe de la Singularité

제1장

절박한 상황

성명 | 테크노 예언자 | 대전환

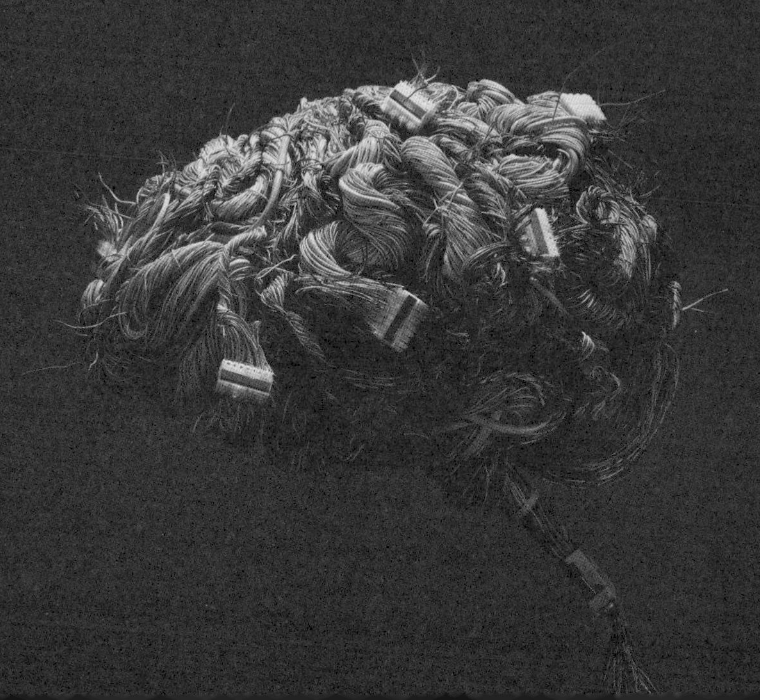

성명

2014년 5월 1일 목요일, 블랙홀이나 우주의 기원, 시간에 관한 연구로 유명한 영국의 우주 물리학자 스티븐 호킹이 경고를 보냈다. 영국의 일간지 『인디펜던트』에 게재된 성명서에서 호킹은 인공지능이 우리에게 가져올 불가역적 결과에 대해 경종을 울리고 있다. 그에 따르면 기술은 눈 깜짝할 사이에 발전하고, 금세 제어 불능에 빠져 인류를 위기 상황으로 몰고 갈 것이다. 지금이야말로 이 모든 것을 막아야 할 때다. 내일이면 늦을 것이다!

쟁쟁한 면면의 과학자들도 이러한 우려에 동조한다. 매사추세츠공과대학MIT의 이론 물리학 교수 맥스 에릭 테그마크나 캘리포니아 버클리대에서 인공지능을 연구하고 있는 교수 스튜어트 러셀,[1] MIT의 물리학 교수로 노벨물리학상을 수상한 프랭크 윌첵 등도 호킹의 성명서에 서명했다. 분명 인공지능은 경이로운 발전을 이루었다. 구글의 자율주행차, 애플의 음성인식 소프트웨어 시리Siri 또는 미국의 퀴즈 프로그램 〈제퍼디Jeopardy〉에서 인간을 이긴 IBM의 슈퍼컴퓨터 왓슨 등을 예로 들면서, 위에서 언급한 네 과학자는 우리에게 다음과 같이 경고한다. 컴퓨터의 기계 학습 능력은 '빅 데이터'라 불리는 대량의 데이터가 공급되면서 곧 예측 불가능해질 것이다. 왜냐하면 이런 기계들은 가상 도서관, 데이터 저장소 그리고 세상을 여기저기 돌아다니면서 얻은 정보를 자동 추론함으로써 스스로가 만든 지식에 따라 움직이게 될 것이기 때문이다. 동작을 예측할 수 없게 되면 컴퓨터의 자율성은 증대되고, 그 결과 컴퓨터는 우리 손을 벗어나 서서히 지배자로 등장할 것이다. 그때가 바로 돌이킬 수 없는 경계선이다. 그 경계선을 넘어서면 인류의 미래는 상실될 것이다. 더 이상 미적거릴 여유가 없다. 지금 바로 대책을 세워야 한다.

아무래도 이 성명서는 그보다 조금 앞서 영국에서 개봉된 영미 합작의 초대작 영화 〈트랜센던스Transcendence〉의 영향을 받은 듯하다. 이 영화는 과학자의 연구로 기계가 의식을 갖게 되는 내용이다. 그러나 앞서의 성명은 공상과학물의 제작자가 메시지를 전하는 것과는 그 의미가 다르다. 그리고 당시의 훌륭한 과학자들이 말하는 이런 성명은 그 이전에도, 그 이후에도 많이 있었다. 2014년 12월, 스티븐 호킹은 BBC 프로그램에서 '인공지능은 인류를 멸망시킬 수 있을 것'이라는 지론을 펼쳤다.[2] 그리고 대성공을 거둔 실업가, 저명한 연구자, 뛰어난 엔지니어, 가장 권위 있는 단체에 속한 철학자 등이 호킹의 뒤를 이었다. 스페이스 X를 창업하고 페이팔, 테슬라 모터스, 솔라 시티의 공동 창업자이기도 한 일론 머스크는 공개석상에서 몇 차례나 인공지능이 인간을 쫓아

낼 위험성에 대해 불안감을 드러냈다.[3] 그에게는 이것이야말로 인류에게 닥친 가장 위험한 실제적 위기다.[4] 그리고 여태까지 이 문제에 대해 침묵을 지켜온 세계 최고의 부자 빌 게이츠가 마침내 2015년 1월 28일, AMA(Ask me Anything의 약어. 미국의 소셜 뉴스 사이트 Reddit의 인기 카테고리. 커뮤니티를 만든 유저가 다른 유저의 질문에 답한다. 저명인사가 참가하는 것으로 유명하다)에서의 답변 중 인공지능의 미래에 대한 비관적 입장을 표명했다.[5]

2015년 1월, 컴퓨터의 잠재적 위험성을 생각하자는 공개 성명[6]에 놀라울 정도로 많은 인공지능 연구자가 서명을 했는데, 여기엔 스튜어트 러셀 등 이 분야에서 가장 권위 있는 인물의 이름도 함께했다. 공개 성명은 전문가들에게 경고한다. 위험이 뒤따르므로 성과에만 집착하지 말고 인간의 궁극적인 행복과 사회 전체의 이익을 생각하라고 말이다. 평소에는 언론에 얼굴을 비치지 않는 조용한 과학자들 사이에서도 인류를 향한 인공지능의 잠재적 해악을 우려하는 모습이 분명히 나타나고 있다. 또한 새로운 연구의 방향성에 대해서도 건전성과 확인 체제의 정비, 우리 이해를 넘어서는 자율 장치의 제어 등에 관한 권고가 마련되고 있다.

이러한 성명은 과학자나 연구 기관 그리고 싱크탱크의 움직임으로 실현되었다. 현재 싱크탱크는 기계가 장래에 인간에게 미칠 위험을 연구하고 있다. 이를테면 앞서의 공개 성명을 웹사이트에 공개한 생명의 미래 연구소,[7] 또한 일론 머스크와 같은 정보기술 분야의 사업가들이 상당한 금액을 출자한 인류 미래 연구소,[8] 혹은 최첨단 인공지능, 특히 '슈퍼인텔리전스(초지능)'를 연구하고 있는 기계 지능 연구소MIRI,[9] 인류 멸종의 위험성을 연구하는 케임브리지 대학의 실존 리스크 연구 센터,[10] 구글, 시스코Cisco, 노키아, 제넨테크Genentech, 오토데스크Autodesk와 같은 대기업이 출자하는 싱귤래리티Singularity 대학,[11] 그 외에도 신기술 윤리 연구소Institute for Ethics and Emerging Technologies,[12] 엑스트로피 연구소[13] 등을 들 수 있다.

테크노 예언자

이러한 견해에 있어 선구자는 로봇 공학자인 한스 모라벡이다. 그는 두 권의 저서, 1988년에 출판된 『컴퓨터 생물들: 초AI에 의한 문명의 탈취』[14]와 1998년에 출판된 『마음의 아이들: 로봇과 인공지능의 미래』[15]에서 로봇 공학의 진화로 인류는 중대한 변화를 맞을 것이라고 공언하고 있다. 사이버네틱스cybernetics 연구자인 케빈 워릭[16]의 연구도 언급해둘 필요가 있다. 아이작 아시모프의 『나는 로봇I, Robot』에 자극을 받아 집필한 『나는 사이보그I, Cyborg』에서 워릭은 이미 15년 전부터 인간은 살아남기 위해 '사이보그' 혹은 '사이버 생물'이라는, 테크놀로지와 생물학의 혼합물이 될 것이라고 주장하고 있다. 1988년, 워릭은 유리 캡슐에 넣은 실리콘 칩[17]을 피부 아래에 이식했음[18]을 매스컴에 발표하여 일약 유명인이 되었다. 실리콘 칩은 인체의 경계선을 넘어 그의 신체를 점점 사이버네틱한 유기체로 바꿔갔다. 그는 이에 만족하지 않고, 센서를 운동신경에 연결하고, 그것을 다시 뇌에 직접 연결해서 원격 조작으로 시동 장치를 움직여 보이겠다고 선언했다. 하지만 이 실험은 실패로 끝난 듯하다.

이외에도 그들과 비슷한 생각을 지닌 사람은 얼마든지 있다. 예를 들어 휴고 드 개리스[19]는 인공지능과의 융합을 통해 경이적인 지성과 새로운 정신성을 갖춘 '아틸렉트artilect'(artifical[인공]과 intellect[지성]의 합성어)가 탄생하고, 그것을 지지하는 '우주론자Cosmist'와 어떻게든 인간의 우위성을 유지하려는 '지구파Terran'가 충돌하여 서로를 죽고 죽이는 세계대전이 발발할 것으로 예상하고 있다. 또한 선마이크로시스템의 창업자인 빌 조이는 2000년에 「왜 미래는 우리를 필요로 하지 않게 되는가?」[20]라는 논문을 발표했는데, 이 글에서 나노테크놀로지가 바이러스처럼 증식해 지구 환경을 파괴함으로써 어떤 생명체도 존재할 수 없게 된다고 주장해 화제를 모았다.

오늘날 가장 유명한 사람은 말할 것도 없이 레이(먼드) 커즈와일(1948~)이다. 1963년, 조숙했던 이 천재는 그 이름을 세상에 널리 알렸다. 그는 프로그래밍으로 만든 음악을 텔레비전 카메라 앞에서 피아노로 연주해 보였던 것이다.[21] 그 후 MIT에서 최고 수준의 엔지니어 교육을 받은 그는 광학 문자 인식OCR을 전공하고, 이 분야에서의 공적으로 어마어마한 영예를 누렸다. 아울러 1999년에는 빌 클린턴 대통령으로부터 직접 국가기술·혁신 훈장[22]을 받았다. 그 후 그는 여러 개의 민간 기업을 설립했고, 2012년부터는 구글의 프로젝트 책임자로 일하고 있다. 엔지니어로서의 활동 외에 그는 수년 전부터 시사하는 바가 큰 제목의 많은 작품을 통해 디지털 기술, 특히 인공지능의 개량에서 유래되는 (그의 표현에 따르면) 피할 수 없는 결과를 알리고 있다. 그의 작품은 다음과 같다. 『어떻게 마음을 만드는가How to Create a Mind』 『영혼을 가진 기계의 시대: 컴퓨터가 인간의 지능을 능가했을 때The Age of Spiritual Machines: When Computers Exceed Human Intelligence』 『영원히 사는 법: 의학혁명까지 살아남기 위해 알아야 할 아홉 가지Transcend: Nine Steps to Living Well Forever』 『기술이 인간을 초월하는 순간 특이점이 온다The Singularity is Near: When Humans Transcend Biology』 『가상의 인간: 디지털 세상의 불멸성의 가능성과 위험Virtually Human: The promise-and the Peril-of Digital Immortality』 『레이와 테리의 건강 프로젝트Fantastic Voyage: Live Long Enough to Live Forever』 등.[23] 커즈와일에 따르면, 우리는 머지않아 컴퓨터에 의식을 업로드하게 되고, 그에 따라 영원한 생명을 손에 넣게 될 것이다. 진화가 가속된 결과로서 운명적으로 그렇게 된다고 한다. 이른바 생물학적 발전, 문명의 개량, 기술의 진보와 같은 모든 종류의 진화가 따르는 일반 법칙이 있는데, 그것은 본질적으로 지수함수적으로 가속한다는 뜻인 듯하다. 그러면 필연적으로 급격하고 유익한 변화가 일어나는데, 그 시점은 커즈와일의 계산에 따르면 2050년, 어쩌면 조금 더 앞당겨져 2045년이 될 것이다. 이 운명적인 사건이 일어나버리면 인류는 살아남기 위해 테크놀로지와 하이브리드화되어 일종의 영혼 이입에 이를 수밖에 없다. 영혼 이입metensomatose이란, 신체soma로부터의 이행meta-, 다시 말해 우리의 생물학적인 기반으로부터 컴퓨터 속으로en- 들어가는 것을 말한다. 영혼 이입이란 본래 사후에 윤회전생을 통해 영혼이 다음의 육체로 들어가는 것을 뜻하지만, 여기서는 뇌가 생물학적으로 죽은 뒤 의식이 디지털 세계로 이행한다는 의미다. 이 생물학적인 하이브리드화의 보상으로서 의식이 일단 디지털화되어버리면 그것은 영원히 살 수 있다. 즉, 이것이야말로 불로불사라는 것이다.

이러한 과학자나 엔지니어와 마찬가지로 철학자들도 가만히 입 다물고 있지 않는다. 이를테면 물리학을 배운 뒤 컴퓨터 뉴로사이언스의 전문가가 되어 지금은 옥스퍼드 대학에서 철학을 가르치고 있는 닉 보스트롬 교수는 수많은 저서, 특히 베스트셀러인 문제작 『슈퍼인텔리전스: 경로, 위험, 전략Superintelligence: Paths Dangers, Strategies』[24]에서 예언하고 있다. 그 내용은 지금 우리가 경험하고 있는 기술적 변화의 결과를 예상한 것인데, 그는 이미 그것들을 자신이 설립한 여러 연구소, 특히 세계 트랜스휴머니스트Transhumanist협회[25](훗날의 휴머니티 플러스Humanity+)[26]에서 빠짐없이 전하고 있다. 이 연구소는 철학자인 데이비드 피어스와 함께 설립한 것으로, 앞서 언급한 인류 미래 연구소와 마찬가지로 옥스퍼드 대학 내에서 지금도 피어스와 함께 운영하고 있다. 보스트롬은 과학과 테크놀로지의 진보를 관찰하는 데서 출발해 이렇게 단언한다. 인간의 또 하나의 형태인 트랜스휴먼은 머지않아 출현해 현재의 한계를 뛰어넘는 새로운 능력을 갖춤으로써, 더욱 진화한 인류로 존재하게 될 것이라고.

물론 그들이 모든 점에서 일치하는 것은 아니다. 소속 연구소, 단체, 대학에 따라 의견은 다양하게 엇갈린다. 예를 들어 레이 커즈와일이나 프랑스의 로랑 알렉상드르[27] 등은 죽음을 늦출 가능성이나 가까운 장래에 테크놀로지가 우리에게 영생의 길을 열어줄지도 모른다는 생각에 정열을 쏟고 있다. 한편 빌 조이나 스티븐 호킹 등은 변화 그 자체, 나아가서는 우리가 알고 있는 세상을 위협할 수도 있는 파괴의 가능성을 염려하고 있다. 혹은 다가올 격변의 필연성을 확신하고, 미래를 살기 좋은 곳, 친근한 곳으로 만들기 위해 흐름을 바꾸려는 사람들도 있다. 이를테면 닉 보스트롬은 그 자신도 2004년에 설립에 힘을 보탠 신기술과 윤리 연구소[28]에서 민주주의 사회에서의 자유와 행복, 인간으로서의 성숙함을 테크놀로지를 통해 향상시키려 생각하고 있다. 그 하나가 시험관 내 수정에서의 배胚의 선택이다. 보스트롬은 이 현대형 우생학을 살아 있는 인간에게 상처를 주지 않고 인류를 개량할 수 있는 방법으로서, 호의적으로 평가하고 있다. 해로움도 고통도 없는 데다 지능의 확대를 통해 인간의 행복도가 확실히 높아지는, 그런 수단으로 향후 인정받을지도 모른다고.

대전환

이처럼 여러 곳에서 저마다 다양한 주장을 제기하고 있는데, 사실 이런 주장들의 밑바탕에는 모두 어떤 큰 사건이 일어나리라는 예견이 존재한다. 그 사건은 갑자기, 마치 기다렸다는 듯이, 게다가 반드시 일어날 거라고 하는데, 그 사건이 일어나면 특히 정보기술과 인공지능으로 대표되는 현대의 테크놀로지는 제어할 수 없을 정도로 발전해 인간사회를 대혼란에 빠뜨릴지도 모른다. 아니, 정보기술이나 인공지능뿐만이 아니다. 생물학과 나노테크놀로지도 과학이나 정보기술과 연계하여 이 천변지이적인 진화에 관여하게 될 것이라고 한다. 이 예견은 너무나 강력해서 경험이 풍부한 수많은 과학자는 이미 인공지능이 최선과 최악의 모든 것을 가능케 하기 때문에 그에 대한 리스크에 맞서 신속히 대책을 세우거나, 진화에 제동을 걸거나, 혹은 진화의 흐름을 바꿔야 한다고 생각한다. 이것이 바로 2015년 1월, 앞서 언급한 공개 성명에 저명한 연구자들이 대거 이름을 올린 이유다. 하지만 그중에는 이 진화를 피할 수 없다면 이미 너무 늦어서 할 수 있는 일은 없다고 말하는 사람도 있다. 혹은 좀 덜 비관적인 사람들이라면, 우리는 적어도 과학자들의 역할이 이해를 돕는 것임을, 그리고 가능하면 이 모든 진화의 흐름을 바꿔서 우리 열망에 부합하는 세상을 만드는 데 일조하도록 행동하는 것임을 이해해야 한다고 답할 것이다.

비록 인류의 기술적인 대전환이 예고하는 결과가 경이로운 동시에 불쾌하고, 몇몇 사람에게는 큰 충격이며, 아울러 이것만은 반드시 지키고 싶다고 바라는 인간의 이념이나 많은 사람이 소중히 생각하는 자유라는 개념을 거부하는 것이라 해도, 그것을 주장하는 이들의 지적·사회적 정통성을 고려하면, 그것들을 음미하지도 않고 내다 버릴 수는 없다. 그러므로 우리는 먼저 그들이 주장하는 바의 근거를 해명하고, 나아가 그 의미와 진실, 윤리 및 정치와의 관계에 대해 논의하고자 한다. 그중에서도 우리는 그것이 실현되기까지 어느 정도의 시간이 남아 있는지, 대전환에 내재된 역설과 그 불가사의한 전망에 주목할 것이다.

제2장

기술적 특이점

최초의 시나리오 | SF에서 과학으로 | 특이점이 도래하는 시기 | 본래 '특이점'이란

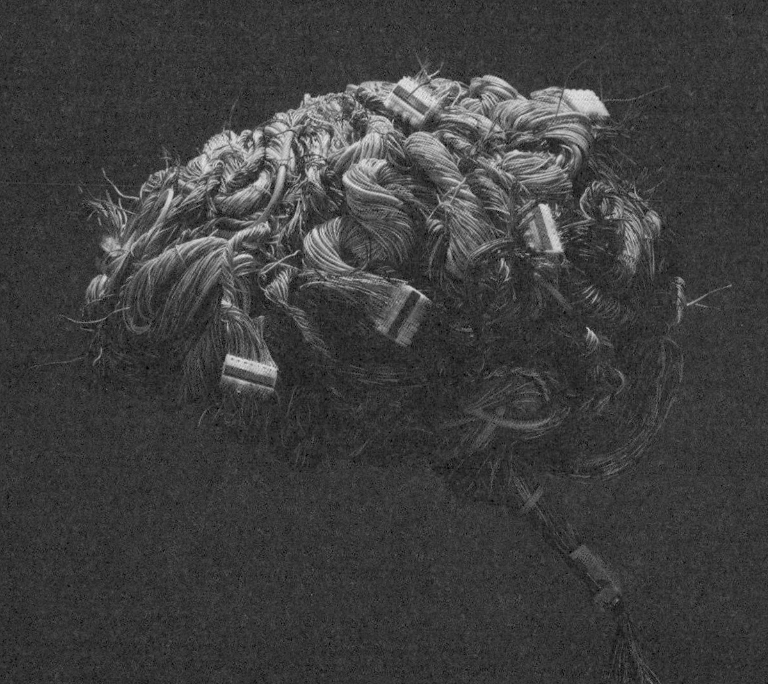

최초의 시나리오

최근 과학자들 사이에서는 다음과 같은 생각이 퍼져나가고 있다. 즉, 미래의 대재앙은 미지의 천체와 지구의 충돌, 대규모 기후 변화, 대기오염, 산성비, 오존홀, 온실 효과에 의해 초래되는 것이 아니다. 그렇다고 국가와 인류 문명을 흔적 없이 소멸시키는 핵전쟁으로 초래되는 것도 아니다. 미래의 대재앙은 지극히 자연스럽게 매일 그 수를 확실히 늘려가고 있는 기계로 인해 일어난다. 매 순간 널리 보급되고 있는 기계는 스스로를 만들어내고, 성장하여 결국에는 우리 인간을 삼켜버린다. 이는 아무런 예고도 없이 시작될 것이다. 모든 과정이 순조롭게 진행되어 돌이킬 수 없게 된다. 필시 당장은 이해할 수 없을 것이다. 하지만 사태는 점점 가속되어 어느 순간 걷잡을 수 없이 폭주한다. 세상이 바뀌고, 인간도 바뀐다. 자연도, 생활도, 의식도, 시간마저도 완전히 달라져버리고 만다.

이 변화가 바로 기술적 특이점Singularity이라 불리는 것이다. 특이점에 대해서는 이미 불안의 목소리가 숱하게 나왔지만, 그 위험성과 중요성을 검토하기 전에 먼저 이 용어의 기원을 소개하자면 대략 다음과 같다.

최초의 시나리오는 SF 소설이었다. 1980년대에 미국의 SF 작가인 버너 빈지의 소설을 통해 특이점이라는 용어가 세상에 널리 알려졌다. 나아가 특이점은 1993년에 발표된 「다가오는 기술적 특이점The Coming Technological Singularity」이라는 에세이에서 이론화되었다.[1] 빈지는 이 글에서 다음과 같이 예측하고 있다. 정보기술의 진보로 30년 안에 기계는 사람의 지혜를 능가하는 초월적인 지성을 획득할 것이다. 그 결과 자연계 내에서 인간의 존재감과 서열, 자율성은 크게 변화하게 된다. 인간은 기계와 결합함으로써 자신의 지성과 인식 능력(논리, 기억, 지각 등), 수명을 크게 증대시킬 것이다. 그러면 인간은 생명과 테크놀로지가 융합한 사이버네틱 생물, 이른바 사이보그가 된다. 이로 인해 정보기술은 경이로운 속도로 진보하고, 정보기술이 지나치게 확대된 결과, 지식의 생산 시스템이 급격히 변용되면서 바야흐로 인간의 이해력으로는 파악할 수 없는 단계에 도달해버린다. 빈지는 이 에세이에서 이러한 사건이 1993년부터 2023년까지 30년 사이에 발생할 것이라고 한다.

그런데 기계가 인간의 손으로부터 자유로워져 자율적으로 움직이게 됨으로써, 기계에 부여된 한계를 넘어 끝없이 증가하리라고 상상한 이는 버너 빈지가 처음이 아니었다. 1962년 '최초의 초지능 기계에 관한 고찰'이라는 회의가 개최된다.[2] 이 회의에는 제2차

세계대전 중에 수학자 앨런 튜링과의 공동 연구로 유명한 영국의 통계학자인 어빈 존 굿도 참가했는데, 그는 이 회의에서 이미 '지능 폭발'의 가능성에 대해 논하고 있다. 즉, '초월적인 지능'을 획득한 기계가 스스로를 복제하고, 개선하여 세대를 거치면서 더욱 지적으로 되어 지능이 폭발적으로 발전한다는 것이다.

또한 폴란드인 수학자 스타니스와프 울람은 1950년대 이후 테크놀로지의 발전이 급격히 빨라지면서 수학적 특이점이라는 대파란이 일어날 가능성이 있다고 지적한다. 1956년 유명 작가인 아이작 아시모프는 이러한 울람의 생각에 감화되어 자신의 최고 걸작 중 하나인 「최후의 질문The Last Question」이라는 단편소설을 발표했다.[3] 이 소설에는 지구 규모의 초대형 컴퓨터가 등장하는데, 컴퓨터는 열역학 제2법칙을 뒤집어엎고, 마침내 엔트로피entropy 시스템 내 정보의 불확실성 정도를 나타내는 용어를 감소시켜버린다.

버너 빈지는 헝가리 출신의 수학자로, 요한 폰 노이만의 이론으로부터 지대한 영향을 받았다. 폰 노이만은 기계 성능의 발전이 경우에 따라서는 행동의 급격한 발전을 이끌 수도 있는 상전이相轉移를 설명하기 위해 '특이점', 물론 수학적 의미의 특이점이라는 단어를 이용했다. 다만 폰 노이만은 '사람의 지혜를 능가하는 초월적인' 지성에의 도달은 언급하지 않았다. 빈지는 그러한 기술의 도달점이야말로 이른바 기술적 특이점Singularity의 본질을 나타낸다고 말한다. 나아가 빈지는 급격히 발생한 이 단절 이후, '포스트 특이점'이라는 새로운 시대에 돌입한다고 주장한다. 이때 인간의 시대

수학적 특이점

수학에서 특이점은 대상, 점, 값 혹은 특정한 경우에 관한 것이다. 이것들은 잘 정의되지 않고, 바로 그 점에서 중대하게 여겨진다. 그러니까 함수 $y=1/x$은 0의 언저리에서 특이점을 갖는다. 0에 가까워질수록 y의 함수값을 규정할 가능성이 줄어들기 때문이다. 한편 그렇다고 해서 수학적 특이점이 반드시 '단절'에 상응하는 것은 아니라는 점을 강조할 필요가 있다. 즉, $y=1\times1^{1/2}$이라는 함수, 좀더 일반적이게는 르네 톰의 파국 이론의 형태인 커프스형, 나비형, 접힘형, 제비꼬리형이 수학적 특이점 이론의 특정 분야인가 하는 것이다(33쪽 참조). 마찬가지로, 물리학에서 특이점은 액화 과정이나 기화 과정에서 발생하는 상전이 같은, 작용의 급작스런 변화와 관련된다.

는 종말을 맞고, 포스트휴먼 시대가 도래하는 것이다. 그리고 인간 중에서는 몸에 기계를 이식한 사람만이 살아남을 수 있다.

여기서 주의해야 할 점은 버너 빈지가 과학 교육을 받았으며, SF 작가인 동시에, 캘리포니아 샌디에이고 대학 수학과 정보처리학 교수이기도 했다는 점이다. 1960년대 중반에 쓰인 그의 초기 작품은 인공적으로 증대한 지성의 한계를 소재로 삼고 있다. 빈지는 그 후 곧바로 상상하게 된다. 기계의 계산 능력의 향상은 놀라울 정도의 처리 용량 증가로 이어지고, 나아가 만족할 줄 모르는 성능의 자기 개량으로 연결될 것이다. 그리고 컴퓨터의 자기 개량에는 끝이 없기 때문에 컴퓨터의 지능이 인간의 이해력을 초월하는 수준에 이르는 순간이 찾아올 것이라고. 빈지의 이러한 생각은 요한 폰 노이만의 직관뿐 아니라 무어의 법칙에도 의거한다(그림 1). 무어의 법칙에 따르면, 기계의 성능은 급격한 기세로 상승한다. 무어의 법칙은 인텔의 창설자 중 한 사람인 고든 무어가 1965년에 발표한 것이다. 이 법칙에 따르면, 1959년 이후 마이크로프로세서의 트랜지스터 수는 18개월에서 24개월마다 배증한다. 실제로 오늘날에 이르기까지 정보를 저장하는 능력과 프로세서의 계산 속도는 급격한 기세로 계속 향상되고 있다. 적어도 24개월마다 배증하고 있다는 사실은 법칙으로서 입증되었음을 알 수 있다. 그러나 최근의 다양한 징조를 보노라면, 이 증가 속도는 정체 경향을 나타내고 있다. 그렇게 되면 무어의 법칙은 머지않아 유효성을 잃고 말 것이다.[4]

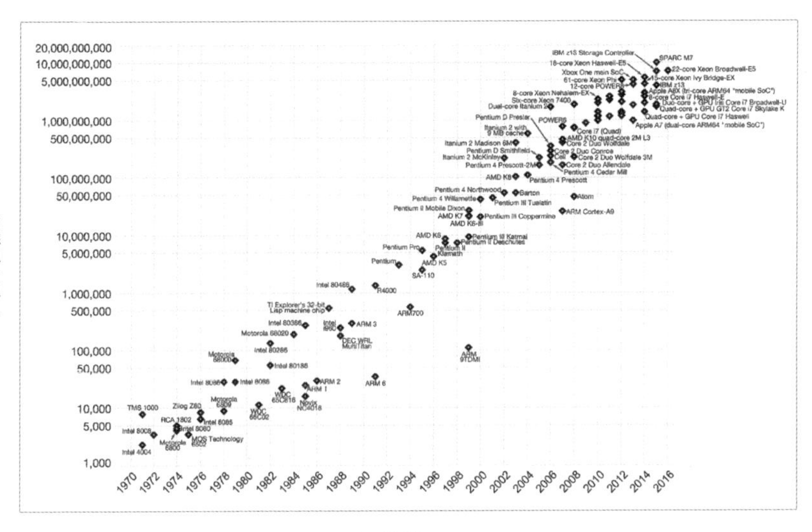

그림 1. '무어의 법칙'에 따르면, 마이크로프로세서의 트랜지스터 수에 대응하여 컴퓨터의 성능은 약 2년마다 배증한다. 실제로 수치(그래프 안의 점)는 거의 이 수식(그래프 안의 직선)에 따라 배치되어 있다. 그러나 무어의 법칙이 가까운 장래에 유효성을 잃을 것으로 예측하는 의견도 많다. (OurWorldinData.org 참조)

이렇게 법칙을 관찰하는 일은 기술적 특이점을 판단하는 데 많은 도움이 된다. 따라서 우리는 다음과 같이 단언할 수 있다. 수학과 정보처리학의 지식이 있어도 그리고 무어의 법칙에 의거하고 있어도, 특이점에 관한 1980년대 버너 빈지의 최초의 가설은 과학적이 아니었다고.

SF에서 과학으로

1950년대부터 1980년대의 SF 소설에서는 특이점이 자주 이야기의 소재로 등장한다. 그러나 비록 과학자가 발표한 법칙이나 이론을 인용하고, 특이점의 발생 가능성을 호소하고 있다 해도 SF 소설은 상상의 창작물에 지나지 않는다. 그런데 오늘날에는 과학자, 로봇 공학자, 엔지니어와 같은 이들, 나아가서는 철학자까지 특이점을 고찰하거나 혹은 자신의 고찰 재료로 다루고 있다. 이렇게 특이점은 SF 소설의 소재가 아니라 과학적인 연구 대상으로 변화했다.

버너 빈지 이후 수많은 사람이 특이점에 도달하기까지의 장래 시나리오를 그렸다. 예를 들면 레이 커즈와일,[5] 한스 모라벡,[6] 휴고 드 개리스,[7] 케빈 워릭,[8] 빌 조이[9]와 같은 컴퓨터 기술 연구자나 닉 보스트롬,[10] 데이비드 피어스와 같은 철학자들이 여기에 속한다. 당연히 이런 사람들의 견해에는 차이가 있다.[11] 즉, 계산 능력의 끝없는 가속화의 결과로 일어날 새로운 재앙에 불안감을 느끼는 이들이 있는가 하면, 옛 인간의 소멸과 새로운 시대에 창조되는 종족의 출현을 열망하는 사람들도 있다.

그들이 가장 희망하는 것 중 하나는 기계에 인간의 정신을 이식하거나 인간의 육체에 과학기술을 접목하여 탄생하는 새로운 유형의 종족이다. 영국의 레딩 대학에서 사이버네틱스를 연구하고 있는 케빈 워릭 교수는 이 새로운 종족이 바로 사이보그 혹은 사이버 생물이라고 말한다. 워릭은 행동 능력을 상승시키기 위해 전자 프로세서를 인간의 운동신경이나 뇌에 직접 연결할 것이라고 이미 20년 전부터 예고해왔다. 앞서 언급한 닉 보스트롬은 이러한 새로운 유형의 인간을 '트랜스휴먼'이나 '휴머니티 플러스 Humanity+'[12]로 불러야 한다고 역설한다. 보스트롬은 인간의 집단 능력이 증대됨에 따라 인간이 스스로를 해방시킬 수 있는 다시없을 기회가 찾아올 것이라 생각하고 있다.[13]

특이점에 관해 비관적인 이들 중에는 초월적인 지성을 갖춘 기계가 곧바로 의식을 획득할 것이라고 단언하는 사람도 있다. 그 결과 이러한 기계는 자신의 의지로 행동할 수 있게 될 뿐만 아니라 스스로를 위해 행동하게 된다. 그러면 기계는 자율화하여 힘을 얻게 되고, 인간을 죽이고, 진화 과정에서 인간을 대신하는 '포스트휴먼'이 될지도 모른다고 말한다. 혹은 과학자라 자칭하면서 인간이 소멸된 세상을 그리려는 사람도 있다. 세계 곳곳의 연구 기관과 일본에서도 연구한 적이 있는 휴고 드 개리스는 가까운 장래에 '아틸렉트'라 불리는 초월적인 지성을 갖춘 인공지능이 탄생하리라 생각한다. '아틸렉트'는 자기 재생하고, 진화하고, 외부 환경에 적응하여 인간이 부당하게 획득한 특권을 없애며, 마침내는 인간을 지배하게 된다는 것이다.[14]

특이점이 도래하는 시기

특이점은 머지않아 도래할 것이다. 바야흐로 시간문제일 뿐이다. 그렇다면 그 시기는 대체 언제인가? 이에 대해서는 과학자들 사이에서도 의견이 분분하다. 예를 들어 빌 조이[15]는 21세기 초라고 말하지만, 구체적인 연도는 언급하지 않는다. 버너 빈지는 2023년으로 예측했다. 레이 커즈와일은 더 구체적이고 자세하게 그보다 조금 뒤, 가장 빨라야 2045년에 특이점이 도래할 것이라고 예측했다. 또한 이때 기계에 의식이 업로드되기 시작할 것으로 내다보고 있다. 이 예측을 토대로 미국 『타임』 지의 2011년 2월 21일 자[16]는 '2045년: 인간이 불사의 몸을 갖게 될 때'[17] [18]라는 특집을 게재했다. 또한 러시아의 기업가 드미트리 이츠코프의 출자를 바탕으로 '2045년 전략적·사회적 이니셔티브'라는 재단도 창설되었다.[19] 이츠코프는 기계에 업로드된 정신을 수용하는 아바타를 만들 생각이다. 이를 실현하기 위한 제1단계로서 오늘날 많은 연구소에서 개발 중인 브레인 컴퓨터 인터페이스[20]를 통해 아바타에 명령을 내릴 수 있도록 한다는 계획이다. 이 계획이 진척되면 최종적으로는 의식과 인격을 전달하는 인공 몸이 개발될 것이다.

이처럼 시나리오도 각기 다를뿐더러 특이점이 도래하는 시기도 논쟁의 대상이 되고 있다. 즉, 특이점의 원리 자체를 문제 삼지 않고, '강림절'(예수 그리스도의 탄생 전 4주간), 다시 말해 특이점이 도래하는 시기가 논의 대상이 되고 있는 것이다. 각각이 저마다 다른 원칙을 토대로 시기를 추정하는데, 그 기한은 연장될 때가 많다. 시간이 흐르면서 지나치게 낙관적인 예언은 재검토할 필요성이 제기되고 있는 것이다. 1993년의 시점에서 2023년은 30년밖에 남지 않았었다. 그렇지만 2010년이 되어 그 시기가 더 가까워오자 레이 커즈와일은 새롭게 시간을 30년쯤 더 뒤로 미루었다. 다만 과거의 경험을 바탕으로 구체적인 연도를 언급하는 것은 피했다. 마치 중세 시대에 계시록의 실현이 뒤로 미뤄진 것과 같다. 역사철학자인 라인하르트 코젤레크는 기독교적인 예언에 대해 그리스도 재림의 때를 어떻게 나타내야 할지를 연구했는데, 그는 이렇게 말한다.[21] "그리스도가 재림할 것으로 예언된 날은 계속 바뀌어왔다. 중세 사람들의 기대와 공포가 실현되는 재림의 날은 끊임없이 유보되어온 것이다. 그러나 재림의 예언이 버림받은 적은 없었다. 왜냐하면 예언의 지연은 물론 대단히 중요한 일이지만, 예언이 실현되는 것에 비하면 매우 사소한 것으로, 결코 중요하지 않다고 생각되었기 때문이다"라고. 따라서 특이점이 도래하는 시기의 변경도 그것을 열망하는 사람들에게는 그리 중요한 문제가 아니다. 이 양자의 비교가 적절하다는 점을 확인하기 위해 위르겐 슈미트후버의 말을 인용하고자 한다. 슈미트후버는 IT 기업 각 사, 특히 구글의 출자로 창설된 싱귤래리티 대학의 연구자다. 그는 다음과 같이 말한다.

> 문명이 탄생한 이래, 1만 년의 시간이 흘렀다. 이제 와서 일부 인공지능 연구자 등이 낙관적으로 과장되게 예측했다고 비관할 것까지는 없다. 그것은 연구비 욕심에 저지른 그들의 실패다(1960년대에는 인공지능을 개발하기 위해 필요한 기간이 100년은커녕 10년이라고 말했었으니까).[22]

본래 '특이점'이란

이러한 모든 이론에서 공통되는 점은 테크놀로지의 진보가 제어할 수 없을 정도로 빨라질 것이라는 예상과, 그 결과 돌이킬 수 없는 중요한 변화가 발생하고, 이 변화에 대해 우리가 할 수 있는 일은 아무것도 없다는 생각이다. 이 가속화의 도달점을 설명하기 위해 이용되는 용어가 '특이점'이다. 이것은 본래 수학 분야에서 쓰이던 개념이었다. 특히 특이점이 의거하고 있는 것은 '특이점의 이론'과 '파국 이론'[23]이다. 두 이론 모두 절단점, 첨점, 분기점처럼 도형의 형상이 갑자기 변화하는 한 점을 설명하고 있다. 이런 이론들은 다양한 연구 분야에 적용된다. 이를테면 기하광학에서는 초점선의 연구에 이용되며, 유체역학에서는 태풍이나 회오리의 발생 메커니즘을 해명하기 위해, 열역학에서는 액화나 기화 같은 상태 변화를 설명하기 위해, 지질학에서는 르네 통이 말한 습곡, 커스프형, 제비꼬리형, 나비형, 쌍곡적 제공형, 타원적 제공형, 포물선적 제공형 등의 특별한 형상을 해명하기 위해 이용되고 있다.

1970년대에 특이점 개념을 인문과학, 특히 언어학과 인식론에 적용하려고 시도한 이들이 있었다. 그러나 그것은 물체와 물체의

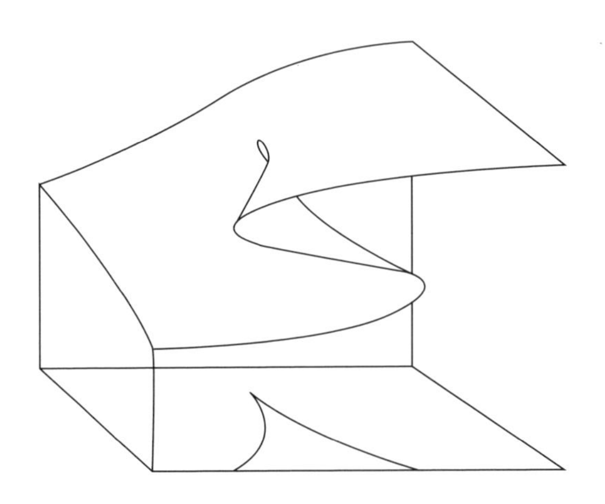

그림 2. 르네 통의 파국 이론은 임계 현상을 설명하기 위해 형태학의 분류를 이용하고 있다. 이들 여러 형태 중 하나는 그림에 나타낸 것과 같은 '커스프형'이다. 평면 투영도는 분명 또 다른 하나의 형태인 '나비형'을 나타내고 있다. 그 형상은 곡면이 접히면서 생긴다.

경계, 혹은 물체와 그 주위에 존재하는 경계의 기하학적 특징을 묘사하는 것에 불과했다. 게다가 그것은 단순한 묘사로서, 아무것도 설명하지 않고 있다.

이렇듯 많은 분야에서 수학적 특이점이 이용되었는데, 특히 중요했던 것은 천체 물리학이다. 천체 물리학에는 '중력의 특이점'이라는 개념이 있다. 그것은 중력이 매우 강해지는 장소로서, 그곳에서는 시공간의 구조를 나타내는 정식이 통용되지 않는다. 즉, 그러한 이론의 유효성이 사라지는 장을 나타내는 용어로 수학적 특이점 개념이 이용되었다. 예를 들면 블랙홀의 중심부는 빛을 완전히 삼켜버리기 때문에 그곳에서 빠져나올 수 없다. 이 관념은 단순한 망상으로 여겨져왔다. 그러나 아인슈타인의 상대성이론과 1916년 이후 블랙홀의 존재를 예언한 카를 슈바르츠실트의 연구 덕분에 블랙홀은 이론적으로 바르다는 사실이 증명되었다.

블랙홀의 경계 주변에 있다는 사실을 눈치 채지 못한 채 떠돌다가 블랙홀로 빨려들어간 우주비행사는 처음에는 이상한 점을 전혀 깨닫지 못한다. 그러나 중력의 특이점이라는 임계점에 완전히 빨려들어갔다는 사실을 깨달았을 때에는 결코 살아남지 못한다.

여기서 기억해두어야 할 점은 1960년대에서 1970년대에 걸쳐 로저 펜로즈와 스티븐 호킹이 분명 수학적 특이점에 관한 정리와 중력 붕괴를 연구했다는 사실이다.[24] 호킹은 현대 인공지능의 발달은 인류를 소멸시킬 위험성도 있다며 깊은 우려를 나타내는데, 그러한 우려는 어쩌면 블랙홀 안의 우주론적 특이점으로부터 야기된 것으로, 특이점도 같은 위험을 내포하고 있다고 말하려는 것인지 모른다. 만약 그렇다면, 최근 수년 동안 발표된 특이점에 대한 경고의 목소리는 우주 공간을 떠도는 우주비행사와 같은 상황에 놓여 있는 우리를 향한 것이다. 우리는 이미 기술적인 블랙홀 바로 옆에 있는 것일까?

그러나 비록 기술적 특이점이 앞서 살펴본 것처럼 수학적 의미에서의 특이점과 같은 것으로 이용되고 있다고 해도, 바꿔 말해 임계점을 나타내는 것으로 이용되는 경향이 있다고 해도 그것은 관례적으로 사용되는 특이점과는 구별될 필요가 있다. 주의할 점은, 특이점은 블랙홀과 같은 '공간'에 관한 것이 아니라 우리가 생활하고 있는 '시간'과 관련되어 있다는 것이다. 즉, 특이점은 본질적으로 그 경계를 넘어서 그곳에 빠져 바야흐로 도망칠 수 없게 되었을 때에 비로소 관찰할 수 있는 것이다. 이 기묘함은 특이점의 관념을 시간적인 확대에 적용함으로써 발생한 것이다. 기하학적 특이점은 개별 물체가 존재하는 삼차원 공간에 대한 개념인 반면, 특이점Singularity은 시간이라는 관념을 불균질한 것으로 바꾸는 개념이다. 이 점에서 특이점의 발상은 이해하기 어려워진다. 그 이유는 인간이라는 존재가 위기에 노출되는 새로운 시대가 도래한다는 견해에 따라 우리의 이성적인 이해가 방해받게 될 가능성이 있기 때문이다. 그 결과 우리의 지성은 무력해질 수 있다. 비록 불연속적인 두 시점 간의 시간이라는 개념을 이해할 수 있다고 가정하더라도 특이점이라는 단절점에서 시간의 개념은 우리 이해를 뛰어넘는다.

이러한 애매함에도 불구하고 기술적 특이점의 관념은 더욱 일반화되고 있다. 책, 논문, 잡지 등을 통해 특이점은 세상 사람들에게 널리 알려졌다. 강좌 등도 개설되는데, 예를 들어 싱귤래리티 대학에서 2006년 이래 매년 열리고 있는 강좌에서는 과학자들이 특이점이 가능해지는 조건, 특이점으로부터 일어나는 변화, 그것을 가능하게 하는 방법, 문제가 발생할 때 어떻게 개선할지 등에 대한 의견을 나누고 있다. 또한 공개되어 있지는 않아도 특이점을 전문으로 하는 연구소와 연구 그룹도 다수 존재한다. 더욱이 거의 모든 유명 IT 기업이 특이점에 관한 연구를 지원하고 있다. 예를 들면 앞서 언급했듯이 2012년 12월 구글은 레이 커즈와일을 사이언스 디렉터로 채용했고, 싱귤래리티 대학이 창설되었는데, 그 출자자 목록에는 NASA, 구글, 노키아, 오토데스크, 아이데오IDEO, 링크드인LinkedIn, 이플래닛 캐피털ePlanet Capital 등이 이름을 올리고 있다.

25년 전부터 엔지니어와 과학자, 철학자 등 다양한 사람들이 어쨌거나 기술적 테크놀로지는 돌이킬 수 없을 정도로 인간을 바꿀 것이라는 생각을 널리 알리기 위해 노력해왔다. 이러한 변화가 일어날 것이라고 하는 특이점이 이제는 미디어와 세상에서 일상적으로 다루어지고 있다. 그렇지만 권위 있는 영미의 유명 대학 과학자들이 그런 주장을 펼쳐도 아직은 많은 사람이 반신반의하고 있는 상황이다. 한편 전통적인 인간의 가치관이 붕괴되는 것에 깊은 불안을 느끼는 사람들도 있다.

특이점의 도래에 긍정적인 이들은 그것에 대해 부정적인 사람들을 반동적이고 소극적이라며 비난한다. 그리고 눈앞의 진실로부터 등을 돌리고, 자신의 쾌적한 생활을 위협하는 생각은 받아들이려 하지 않는 사람들이라며 몰아붙인다. 마치 17세기에 갈릴레오 갈릴레이를 부정한 사람들과 같다고. 과학과 테크놀로지의 세계에서, 특히 나노테크놀로지와 인공지능 분야에서 지금 어떤 일이 일어나고 있는지 모르는 것은 아닌가? 알 방법이 없는 것인지도 모르고, 그저 단순히 알고 싶어하지 않는 것인지도 모른다고……. 특이점의 도래에 대해 긍정적인 사람들은 그렇게 생각한다.

제3장

지수함수적인 폭발

체스 판에 놓인 보리쌀 | 반도체 칩 위의 트랜지스터

무어의 법칙은 일반화할 수 있는가? | 논리적 모순 | 물리적 한계

경험에 의거한 반론: 종의 대량 멸종 | 지능과 연산 능력

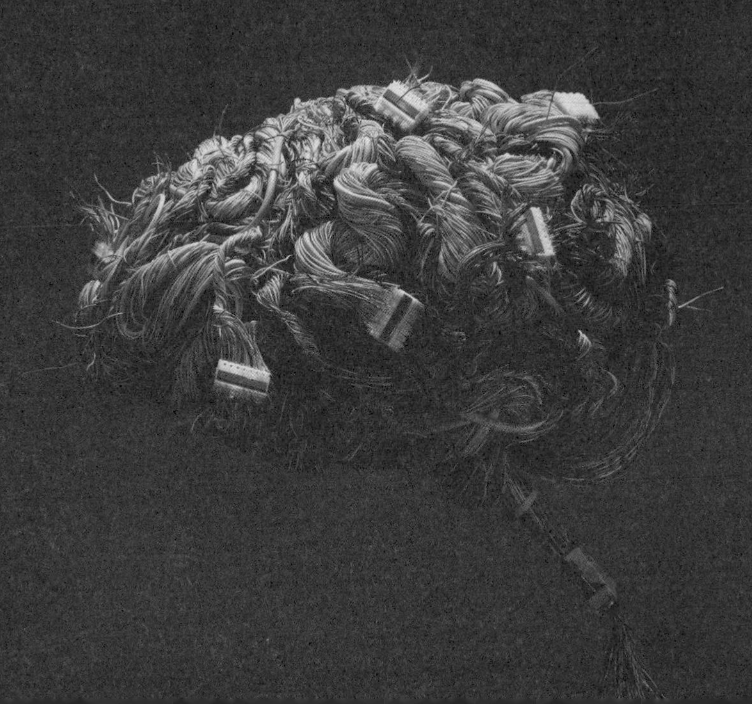

체스 판에 놓인 보리쌀

옛날이야기를 하나 해보자. 예부터 널리 알려졌고, 디드로프랑스의 철학자이자 문학인와 달랑베르프랑스의 수학자이자 물리학자, 철학자가 편찬한 『백과전서』에 소개되어 더욱 유명해진 이야기다.[1] 그 내용을 보면 체스는 5세기 초 인도에서 시사Sissa라는 이름의 브라만(승려)이 고안했다고 한다. 시사는 모시고 있던 젊은 왕에게 군주가 아무리 유능하더라도 혼자서는 아무것도 할 수 없다, 병사와 기사, 왕비 그리고 어릿광대와 곡예사 등 누구 한 사람 없어서는 안 된다는 사실을 가르치고 싶어서 격자무늬의 보드 위에서 나무 말을 움직이는 게임을 생각해냈다. 왕은 크게 기뻐하며 시사에게 어떤 상을 받고 싶은지 물었다. 그러자 시사는 보드의 칸 수만큼 보리쌀을 갖고 싶다고 대답했다. 다만 한 칸에 한 개, 두 칸에는 두 개, 세 칸에는 네 개 등 제곱으로 늘려가며 마지막 64칸까지 메우는 것이다. 왕은 '보리쌀 몇 알이면 충분한가!'라고 말하며 매우 놀랐다. 청은 곧바로 수용되었다. 그런데 궁정의 재무관들이 필요한 보리쌀의 수를 계산하니, 온 나라의 수확량으로도 부족하다는 사실을 알게 되었다. 『백과전서』의 기록에 따르면, "재무관들은 필요한 보리쌀의 수를 계산했다. 그것은 1만6384개 마을의 수확량에 상당했다. 각각의 마을에 1024채의 곡물 창고가 있다고 했을 때, 각 곡물 창고 안에 각 곡물용 계량 용기 17만4762그릇만큼의 보리가, 그리고 그 개개 계량 용기 안에는 3만2768알의 보리쌀이 있어야 한다는 계산이 나온다는 점을 알아냈다." 이 옛날이야기는 수학자가 '지수함수적인 폭발'이라 부르는 기하학적 성격의 현상을 잘 설명하고 있다. 각각의 지점(체스 판의 칸)을 k라고 하면, 어느 지점의 수량(보리쌀의 수) u_k는 앞 지점의 수량 u_{k-1}과 '공비'라 불리는 정수 q와의 곱이며, 식은 $u_k = q \times u_{k-1}$이 된다. 공비 q가 1보다 클 경우 이 증가량은 순식간에 아찔할 정도로 엄청난 숫자가 되는 것이다.

반도체 칩 위의 트랜지스터

무어의 법칙에 따르면, 어떤 유형의 집적회로에서나 트랜지스터의 수는 18개월에서 24개월마다 안정적으로 두 배가 된다. 이는 곧 같은 속도로 컴퓨터의 성능, 처리 속도, 기억 용량이 두 배가 된다는 뜻이며, 또한 같은 속도로 비용이 절반으로 감축된다는 뜻이기도 하다. 이 규칙적인 속도는 지금도 계속되는데, 만일 이 법칙이 이대로 영원히 계속된다면, 심사숙고해야 할 문제가 나타날 것이다. 이른바 이런 고성능 컴퓨터를 앞에 두고, 우리는 앞으로 어떻게 될 것인가 하는 의문이다.

최근 50년 동안 현실이 법칙에 따라 움직이고 있다는 사실은 우리를 더욱 불안하게 만든다. 인텔의 고든 무어가 훗날 무어의 법칙이라 불리는 미래 예측을 발표한 것은 1965년의 일인데, 당시 무어는 이미 1959년부터 발표 시까지의 예측이 들어맞았다는 사실을 확인했다. 그 후 RAM(랜덤 액세스 메모리)과 디스크의 기억 용량은 대폭 증가했고, 같은 비율로 비용은 감소했다. 컴퓨터의 연산 속도를 보면, 1980년까지는 2년마다 두 배 빨라졌고, 그 이후에는 1.3년마다 두 배로 빨라지고 있다. 예를 들어보자(그림 1 참조). 1970년 인텔의 프로세서 4004형에는 약 2300개의 트랜지스터가 탑재되었지만, 8년 뒤인 1978년에 같은 인텔의 8086형에 탑재된 트랜지스터는 2만8000개로, 8년 전의 10배를 넘어섰다. 나아가 20년 후인 1999년에 발매된 펜티엄 III에는 수천만 개의 트랜지스터가, 2007년 발매된 펜티엄 듀얼 코어에 이르러서는 10억 개 이상이 탑재되었다. 즉, 보드의 칸이 늘어날 때마다 보리쌀이 증가하는 시사의 예에서처럼 폭발적으로 증가하고 있는 것이다. 다만 이 경우에는 칸 수가 아니라 연수, 즉 시간 축에 따른 증가이므로, 64칸으로 끝나지 않는다.

한편 이와 동시에 가격도 하락하고 있다. 1메가바이트당 가격은 1980년에서 1990년까지는 2년마다 절반으로 떨어졌고, 1996년 이후에는 무려 9개월마다 절반으로 떨어지고 있다. 나아가 지금은 클라우드를 사용하면 거의 무료로 대용량의 정보를 저장할 수 있다. 이것으로 세상은 넓어졌다. 예를 들어 프랑스 국립도서관의 장서 목록에 기재되어 소장된 1400만 권의 서적과 동등한 정보량, 즉 14테라바이트(1400만 메가바이트)의 정보를 그저 몇 개의 하드디스크에, 그것도 꽤 저렴한 가격에 저장할 수 있다. 머지않아 우리는 이러한 대량의 정보를 무료로, 머리가 아닌 주머니에 넣거나 혹은 손목시계처럼 손목에 차고 다니게 될 것이다.

이 같은 기계의 성능 향상에 관한 미래 예측은 SF를 위해서만 존재하는 것이 아니라 먼 미래를 예측하는 데에도 도움이 되고, 단기적인 변화를 파악하기 위해서도 이용되고 있다. 경제학자나 기업 경영자 등은 중요한 사업 계획을 입안할 때, 이 예측을 활용한다. 정보혁명은 확실히 큰 불안정 요소를 초래했다. 예를 들면 고가의 설비를 도입해도 수년 혹은 수개월 만에 시대에 뒤처져버리기 때문에 기업 입장에서는 도입하려는 정보 설비의 규모를 확정하여 구입 계획을 세우기가 매우 어려워지고 있다. 무어의 법칙은 이러한 기업 관계자가 효율적으로 투자 계획을 세우는 데 도움이 된다. 컴퓨터 제조업자도 상황은 마찬가지로, 더욱 계획적으로 정보기술의 발전에 대응할 수 있게 되었다.

무어의 법칙은 일반화할 수 있는가?

현재 사회의 모든 분야에서 정보화와 디지털화가 급속히 진행되고 있다. 그 이유는 말할 필요도 없이 마이크로프로세서의 연산 능력이 급격히 향상되고, 아울러 그 가격이 하락했기 때문이다. 그 결과 오늘날 자동차, 청소기, 전화기, 손목시계, 안경 등 대부분의 제품은 기능 제어를 위해 최소한 한 개 이상의 마이크로프로세서를 내장하고 있다. 나아가 제품 가격을 크게 인상할 필요도 없다. 그런데 컴퓨터 성능의 극적인 향상, 그에 따른 비용의 하락, 이 두 가지는 분명 무어의 법칙대로다. 그러므로 정보화, 디지털화가 장악하고 있는 현대사회의 상황을 이 무어의 법칙이 아주 잘 상징하고 있다는 사실을 알 수 있다.

또한 이 법칙은 SF 작가나 발명가, 나아가서는 뭔가 새로운 것을 추구하는 연구자 등의 상상력을 북돋았다. 이러한 사람들은 무어의 법칙을 이용함으로써 새로운 경지에 이르며, 이 법칙은 테크놀로지 분야만의 것이 아니라고 소리 높여 선언했다. 즉 이 법칙은 그 기원으로 거슬러 올라가 자연과 생명, 인류, 문화 등의 진화를 결정짓는, 더 보편적인 원리라는 것이다. 그리고 이러한 흐름에 선 대표적인 인물이 레이 커즈와일이다. 커즈와일은 지구의 장대한 역사를 여섯 개의 시대로 분류했다.[2] 처음은 빅뱅으로 시작해 전자, 양자, 원자의 출현에 이어 수억 년에 걸쳐 서서히 유기물이 만들어지기까지의 시대다. 두 번째는 생명 탄생의 시대. DNA와 세포, 조직을 갖는 생물이 출현한다. 세 번째는 더욱 고도화된 뇌와 지능을 갖춘 생물 탄생의 시대다. 이때, 인류도 탄생한다. 네 번째 시대는 지금까지 중 가장 짧고, 인류가 낳은 테크놀로지가 놀랄 정도의 규모와 속도로 완성된다. 현재 우리는 이 시대를 마치고 제5기로 접어드는 과정에 있다고 한다. 이 다섯 번째 시대에는 당초 인간이 스스로를 위해 만든 테크놀로지가 자율성을 갖고 스스로 진화하게 된다. 그리고 스스로를 유기물과 융합시킴으로써, 사이버 생물이나 테크놀로지로 능력을 증강한 인간을 탄생시킬 수 있게 된다. 마지막 여섯 번째 시대에는 정신성이 개화된다. 세상이 깨어나는데, 주로 테크놀로지에 의거한 지성으로 채워진다. 인간을 대신하여 테크놀로지가 군림하는 시대가 되는 것이다. 커즈와일은 또한 많은 표와 그래프를 이용하여 진화의 과정이 이중의 의미에서 지수함수적이라고 주장한다.[3] 즉, 진화의 단계가 진행됨에 따라 각 단계의 기간은 지수함수적인 비율로 짧아지는 반면, 다양성과 복잡함은 지수함수적으로 증대한다고 한다. 요컨대 커즈와일은 무어의 법칙이 테크놀로지의 역사에서도 원초의 암흑시대부터 정신성이 두루 개화하는 시대로의 진화를 나타내는, 보편적인 법칙이라고 주장하고 있는 것이다.

암묵적인 이해로서, 생물학적인 의미에서의 인간은 진화라는 큰 흐름 속에서는 일시적으로 필요한 사슬의 연결 고리 중 하나에 불과하다. 그 시기가 지나면, 고리는 다음 고리로 순서를 양보해야 하는 것이다. 커즈와일이 예언하는 미래에서는 생체공학 인간에게 자리를 내주어야 한다. 생체공학 인간은 신경계에 이식된 인공 장비를 손발로 하는 로봇 장치와 같은 존재로서, 지시를 내리는 것은 생물학적 기반에서 해방된 인간의 의식이다. 이때 그 인간의 의식은 정신을 자유롭게 뻗어나가게 하여 육체라고 하는 그릇, 나아가서는 뇌라고 하는 그릇으로부터도 해방되어 컴퓨터에 연결됨으로써, 순수하게 영적인 존재, 그리스 철학에서 말하는 '프뉴마πνεύμα'가 된다는 것이다.

육체를 떠난 이 인간의 변모에 대해서는 뒤에서 다시 이야기하기로 하고, 여기서는 무어의 법칙이 영원히 계속된다는 가설을 자세히 검증하기로 하자. 왜냐하면 이 가설에는 네 가지 문제점이 있기 때문이다. 첫째는 귀납적인 성격의 이 법칙을 무제한으로 확대 해석하는 것에 대한 논리적인 문제. 둘째는 어느 수준까지 소형화를 추진할 수 있는가 하는 물리적인 한계에 관한 문제. 셋째는 경험칙인 이 법칙을 고대의 종의 진화에 관한 고찰과 비교하는 것의 문제. 마지막은 연산 능력의 증대란 무엇을 의미하는가 하는 문제다. 이 네 가지에 대해 순서대로 살펴보자.

논리적 모순

먼저 짚고 넘어가야 할 사실은 무어의 법칙이 경험칙을 공식화한 것, 즉 관찰 결과를 간결하고 편의적으로 집계한 것에 불과하다는 점이다. 오늘날까지 반세기 이상 그 법칙이 옳다는 사실이 확인됐다고는 해도 그것이 경험에 근거한 법칙이라는 성질은 변하지 않는다. 이 법칙은 지금까지 실시해온 상황 관찰 외에 근거가 없다. 따라서 이 법칙이 장래에도 유효할 것이라고는 단언할 수 없다. 그러나 관찰을 거듭한 결과 확신에 이른다는 방식으로 학문이 진보하는 일은 곧잘 있었다는 반론도 존재할 것이다. 여기서 뷔퐁프랑스의 박물학자의 『박물지博物誌』로부터 '정신 산술 시론'의 일부를 인용한다. 그 안에서 뷔퐁은 내일 태양이 반드시 떠오를 것이라는 확신은 그때까지 태양이 떠오른 사실을 셀 수 없을 만큼 많이 봤기 때문에 갖게 된 것이라고 말한다.

지금껏 아무것도 보지도, 듣지도 못한 남자가 있다고 하자. 그가 어떻게 사물을 믿거나 의심하거나 하게 될지를 생각해보자. 어느 날, 남자는 처음으로 태양을 보고 충격을 받았다고 한다. 그는 태양이 하늘 높이 빛나고 있는 것을 본다. 그 후 태양이 기울고, 마지막에는 사라져버리는 것을 본다. 남자는 이것에서 어떤 결론을 내릴 수 있을까? 아니, 아무런 결론도 내릴 수 없다. 그저 아는 것이라고는 자신이 태양이라는 것을 봤다는 사실, 그 태양이 어떤 방향으로 움직였다는 사실, 그리고 마지막에는 사라져 안 보이게 되었다는 사실뿐이다. 하지만 이 태양이 다음 날도 나타났다가 사라지는 것을 본다면 어떨까? 다시 태양을 보면서 남자는 어떤 감정이 생기는 첫 체험을 하게 된다. 그것은 다시 태양을 볼 수 있을지도 모른다는 기대감으로, 그는 태양이 다시 떠오를지도 모른다는 생각을 하기 시작한다. 그러나 이 시점에서 남자는 아직 반신반의한다. 그리고 다음 날 다시 태양이 떠오른다. 이렇게 해서 세 번째로 태양을 보는데, 남자에게 있어 이는 두 번째 체험이다. 이로써 태양이 다시 떠오를 가능성은 높아지고, 남자의 의심은 약해진다. 다음 날 세 번째 체험을 한 뒤에 남자는 다시 태양이 떠오를 것이라는 사실을 거의 의심하지 않게 된다. 그리고 마침내 태양이 규칙적으로 나타났다가 사라지는 모습을 10회, 20회, 100회 연속해서 보는 동안 남자는 태양이 여느 때처럼 나타나 같은 장소를 움직여 사라져가는 것을 확신하게 되는 것이다. 같은 관찰 결과가 축적될수록 다음 날도 태양이 떠오를 것이라는 확신은 더 커진다. 즉, 관찰 결과가 하나씩 증가할 때마다 매일 개연성이 생겨나고, 그 개연성이 축적되어 커지면서 구체적으로 확신하게 되는 것이다……. 그 밖의 자연현상에 대해서도 모두 같다고 말할 수 있다.[4]

무어의 법칙을 이와 같은 개념으로 생각해보자. 무어의 법칙이 옳다는 근거는 오랫동안의 관찰 결과에 따른 것이다. 논리학에서는 이런 사고방식을 귀납적 추론이라 부른다. 즉, 수많은 개별 사례의 관찰을 통해 보편적인 원리를 이끌어내는 추론 방법이다.

다만 귀납적 추론을 통해 얻은 결과가 과학적으로 유효함을 인정하기 위해서는 약간의 주의가 요구된다. 왜냐하면 반복적으로 관찰하여 얻은 결과를 일반적인 원칙에 따라 정리하는 것만으로는 충분하지 않기 때문이다. 추론 결과는 일정한 검증을 거쳐야 한다. 실험을 통해 어떤 현상의 발생에 관여하는 실제 조건을 재현하고, 거기서 일어나는 현상을 관찰할 필요가 있다. 하지만 무어의 법칙의 경우에는 관찰이 행해진 시점과 동일한 구체적인 조건을 재현하기가 어렵다. 이 법칙은 테크놀로지의 진화에 관한 것인데, 테크놀로지의 진화는 그 테크놀로지의 진화 직전 상태에 의거하고, 그것마저 시간과 함께 끊임없이 변화하며, 뒤로 돌아가지 않기 때문이다. 따라서 무어의 법칙은 역사적 법칙이라 할 수 있으며, 정확하게는 실험할 수가 없다. 이렇게 말하면, 역사와 관련된 과학, 예컨대 지질학은 어떠냐며 반론을 펼칠 수도 있다. 분명 지질학도 같은 문제를 안고 있다. 지구가 형성된 기원으로 거슬러 올라가 실물과 같은 조건을 재현하는 일 등은 생각할 수 없다. 그럼에도 불구하고 지구과학이라는 학문이 존재하고, 이는 다른 자연과학과 마찬가지로 엄격한 접근법을 통해 연구가 이루어지고 있다. 실험이 불가능하기 때문에 이러한 학문은 만인이 인정하는 자명한 이치를 토대로 하고 있다. 그에 의거하면, 과거에 일어난 일은 현재도 동일한 순서로 일어나고, 미래에도 동일한 순서로 일어날 것으로 생각되기 때문이다. 영국의 철학자인 존 스튜어트 밀의 말을 빌리자면, 귀납적 추론의 정당성은 획일성(같은 조건 아래에서는 동일한 현상이 일어난다는 성질)의 존재 여부에 달려 있다는 뜻이다.

웨이틀리 대주교의 말처럼 귀납법이라는 것은 모두 대전제가 없는 삼단논법이다. 하지만 나로서는 모든 귀납법에 대전제를 더하면 삼단논법의 형태가 될 수 있다고 말하고 싶다. 대전제를 더하게 되면 여기서 문제시하고 있는 원리, 즉 자연 추이의 획일성이라는 원리는 모든 귀납법의 궁극적인 대전제가 될 것이다. 그리고 이 원리와 귀납법의 관계는 삼단논법에서의 대전제와 결론의 관계와 같다. 즉, 이 원리와 대전제는 귀납법에 의한 결론과 삼단논법의 결론을 증명하기 위해 존재하는 것이 아니라 증명되고 있음의 필요조건이 되기 위해 존재하는 것이다.[5]

자연 추이의 획일성은 그리 어렵지 않게 대전제가 될 수 있을지도 모른다. 그러나 테크놀로지의 진화에서는 그러기가 쉽지 않다. 과거의 발전 속도가 미래에도 계속된다는 보장은 어디에도 없는 것이다. 고대 세계와 중세의 역사, 또는 극동의 역사 등을 보면 잘 알 수 있듯이 역사상에서는 급속히 발전하여 눈부신 속도로 변혁이 잇달아 일어나는 시대가 있는가 하면, 진보가 정체하는 시대, 나아가서는 테크놀로지가 후퇴하는 시대가 있고, 그 와중에 기술이나 수법이 자취를 감추기도 한다. 다시 말해 오늘날까지 50년 동안 무어의 법칙을 관찰해왔다고 해도 이 법칙이 장래에도 유효하다고는 보증할 수 없는 것이다.

나아가 덧붙인다면 모든 귀납적 추론의 필요조건인 획일성이라는 원리는 특히 불연속성에 관해서는 혹평을 받고 있다. 또한 자연과학의 세계에서는 특이점에 가까워짐에 따라 통상의 법칙이 도움이 되지 않는 것으로 알려져 있다. 통상의 법칙이 도움이 되지 않는다는 점에서 바로 특이하다고 할 수 있는 것이다. 테크놀로지의 진보에 관한 법칙에서도 동일한 현상이 일어날 가능성은 충분하다. 그렇게 되면, 자명한 이치에 의거한 무어의 법칙의 정당성은 이 법칙이 영원히 계속된다고 하는 전제에서 태어난 특이점이라는 개념 자체에 의해 부정되어버린다. 이처럼 무어의 법칙을 무제한으로 확대 해석하는 것은 논리적으로 모순된다는 결론을 얻을 수 있다. 물론 이론상으로는 테크놀로지가 인류를 파멸로 이끄는 방향으로 진화하고, 자연계에서 인간의 지위를 흔드는 일은 일어나지 않으리라고는 장담할 수 없다. 그러나 테크놀로지의 추이가 일정하다는 점에 의거한 법칙을 이용하여 이 격변의 예측을 이끌어낼 수는 없을 것이다.

물리적 한계

앞 절에서는 무어의 법칙의 무제한적인 확대에 대해 논리적으로 반증했다. 이 절에서는 커즈와일의 가설에 대한 물리적·기술적 의문점을 설명하고자 한다.

물리학자 한스요아힘 브레머만[6]은 1962년 이후에 아인슈타인의 질량과 에너지의 등가성 이론이나 하이젠베르크독일의 이론 물리학자의 불확정성 원리에 착안하여 정보처리 시스템이 넘어설 수 없는 물리적인 장벽에 대해 발표했다. 브레머만은 장벽을 세 가지로 분류했다. 전자파의 전달 속도가 유한하다는 사실에 의거한 시공간적인 장벽, 정보 전달의 주파수를 제한하는 양자적 장벽, 연산으로부터 발생하는 정보 엔트로피의 저하를 보완하는 물리적 엔트로피의 증대에 관한 열역학상의 장벽이다. 이러한 이론은 매우 중요한데, 특히 암호 이론에서 키의 최소 사이즈를 결정하는 데 빠뜨릴 수 없는 것이다. 우리는 물론 여기서도 무어의 법칙이 영구히 계속되지 않는다는 사실을 배울 수 있다.

그러나 이 물리적 한계는 무엇이든 물질적인 모든 것과 관련된다. 따라서 모든 생물, 인간과 그 신체와도 관련이 있다. 브레머만은 1965년에 쓴 논문[7]에서 요한 폰 노이만의 저서[8]를 인용하며 인간의 뇌 구조는 이러한 물리적 한계에는 훨씬 못 미친다고 말하고 있다. 그에 따르면 인간 뇌의 능력은 물리적 한계 능력의 3억 분의 1이라고 한다. 비록 물리적 한계는 넘어서지 못하더라도 그에 가까운 기계가 만들어지면 그 기계는 3억 명의 뇌에 필적하여 인간을 훨씬 능가하게 된다. 요컨대 이론상 소형화에는 한계가 있다는 사실을 알고 있더라도 그것으로 인간을 안심시킬 수는 없는 것이다.

이러한 물리적인 문제와는 별개로 현재 기술적인 제약이 크다는 문제도 있다. 프로세서는 여전히 실리콘과 반도체로 제조된다. 원리는 단순하다. 전도체, 절연체, 서로 다른 종류의 반도체 등과 같은 다양한 전기 특성을 지닌 소재의 층을 실리콘 기판 위에 쌓아 올린다. 회로의 절단에는 감광성 물질을 사용하고, 회로를 경화 또는 보호하고 싶은 부분에는 빛을 쏘이며, 그 외의 부분은 빛이 닿지 않게 한다. 따라서 에칭의 정밀도는 해상도에 좌우되며, 해상도 자체도 사용하는 빛의 파장에 따라 달라진다. 나아가 에칭의 정밀도는 반도체 소자의 크기에 따라서도 좌우되는데, 반도체 소자에는 기능을 완수하기 위해 수백 개의 실리콘 원자가 포함되어 있다. 따라서 아무리 작게 만들어도 10나노미터를 밑돌 수는 없을 것이다(1나노미터는 10^{-9}미터, 즉 1억 분의 1미터). 즉, 현재의 프로세서 제조 공정에는 제약이 있는 것이다. 이는 '실리콘 장벽'이라 불리고 있다. 인텔은 이미 2016년에 프로세서의 소형화와 관련해서는 개발을 축소한다고 발표했다. 그 결과 무어의 법칙에서 제외되었다.[9]

그럼에도 불구하고 새로운 기술에 의해 차세대 반도체 소자가 탄생하고, 새로운 가능성을 열어 지금까지의 제약을 극복하며 전에 없는 진보를 이루게 될지도 모른다. 최근에는 2004년에 발견된 그래핀graphene이라는 신소재의 이름을 자주 듣는다. 그래핀은 실리콘보다 전도율이 높다는 특성을 지녔기 때문에 소형화가 더욱 진전될 것으로 기대되고 있다. 또한 양자 계산을 통해 소형화의 장벽을 깨려는 이들도 있으며, 몇 가지 이론이 검토되고 있다. 그러나 연구자들이 유망한 기술을 계속 연구하고는 있지만, 당장이라도 실리콘을 대신할 수 있는 소재는 아직 발견되고 있지 않다. 만약 그런 소재가 발견되어 실용화된다면 프로세서에 관한 개념은 크게 뒤집어질 것이다. 그때 우리가 목격하는 것이 바로 기술혁명이라 할 수 있는 것인데, 토머스 쿤[10]의 말을 빌리자면 패러다임의 전환에 직면하게 된다. 다만 그러한 격변은 의표를 찌르는 것으로, 예측할 수 없다. 혹은 쿤의 말을 다시 빌리자면 우리는 모두가 알고 있고, 신뢰할 수 있는 과학기술에 보장된 '정상적인 과학

기술' 체제 안에서 살고 있다. 그 안에서 무어의 법칙이 계속되리라고 주장하는 것은 상당한 용기를 필요로 하는 일이다. 왜냐하면 당분간은 제자리걸음 상태의 안정기가 계속될 것으로 보이는 이유가 얼마든지 있기 때문이다. 따라서 무어의 법칙이 예측하는 일은 일어날 것 같지 않다. 이 점에 관해서는 인간의 역사는 대체로, 특히 테크놀로지의 역사는 자주 예상을 벗어난다는 점을 떠올리자. 실제로 과거에 미래를 어떻게 예측했었는지 재검토하여 연구하니, 미래가 예측대로 흘러가지 않았다는 사실을 알게 되었다고 한다. 진보는 경련처럼 느닷없이 찾아오는 것이다. 과학기술이 모든 것을 결정하진 않는다. 우리 인간은 어느 시대에나 존재했고, 새로운 것을 창조하는 이는 늘 인간이었다.

경험에 의거한 반론: 종의 대량 멸종

무어의 법칙을 일반화하는 근거는 무엇인가? 그것은 법칙이 오랫동안 사실로서 계속되어왔음을 경험적으로 관찰했다는 점(즉 프로세서의 성능이 지수함수적으로 계속 향상되고 있다는 점), 자연도 그 기원 이래 동일한 지수함수적 속도로 계속 진화해온 것으로 보인다는 점이다. 커즈와일은 테크놀로지의 진보와 자연의 대변용의 리듬이라고 하는, 두 지수함수를 관련짓기 위해 그 두 가지를 동렬로 취급하고, 진화·진보에 관한 하나의 일반 법칙으로 정리해버렸는데, 이제 더 이상 그런 일을 해서는 안 된다. 지금까지 무어의 법칙이 영원히 유효하다는 주장에 반대하는 이유를 제시해 왔는데, 자연이 지수함수적인 속도로 진화했다고 하는 커즈와일의 주장에 대한 '증명'에는 정말 어이가 없다. 왜냐하면 그 증명은 진화의 이정표적인 존재를 근거로 들고 있지만, 마치 시인 프레베르가 본인이 작성한 '재산 목록'에 잔뜩 써놓은 상품들처럼 마구잡이다. 생명의 탄생, 진핵생물과 다세포 생물의 출현, 캄브리아기의 종의 대폭발, 식물, 파충류, 포유류, 영장류, 인간과 동물, 인류의 조상 호모속, 직립 보행의 호모 에렉투스, 언어를 말하는 호모 사피엔스, 현생 인류인 호모 사피엔스사피엔스의 탄생, 미술, 최초의 취락, 농업, 문자와 차바퀴의 발명, 도시국가의 탄생, 인쇄술, 실험에 의한 연구 수법, 산업혁명, 전화, 라디오, 컴퓨터, PC의 등장. 이것들은 모두 각 사건의 대략적인 연대에 따라 표로 정리할 수 있는데, 그것을 보면 어쩐지 지수함수의 법칙에 따라 일어난 것도 같다.

그러나 여기서 여러 가지 의문이 떠오른다. 다른 지표가 아닌 왜 이들 지표[11]를 선택한 것일까? 진화의 길잡이가 되는 이들의 선택에 대해서는 아무런 설명도 하고 있지 않다. 그리고 이들은 이차원의 표 위에 배치되어 있어 마치 일반 법칙에 따르고 있는 듯한 곡선을 만들어내는데, 지표를 바꿔도 항상 같은 곡선을 얻을 수 있는지에 대해서는 확인할 필요가 있다. 이런 점에서 보면 선택된 지표는 모두 새로운 현상이 출현하는 초기 단계의 것이다(생명의 탄생, 진핵생물의 출현, 파충류의 출현 등). 그런데 진화 연구자에 따르면, 출현과 마찬가지로 소멸도 매우 중요하다고 한다. 왜냐하면 한 가지 현상의 소멸이 그 이후 진화의 방향을 좌우하기 때문이다. 특히 '대량 멸종'[12]은 생태계에 큰 변화를 일으키고, 그 결과 새로운 환경 조건이 탄생한다. 실제로 그에 따라 특정 지역에만 분포하던 종이 광범위하게 증식한 적도 있었다. 예를 들어 포유류는 꽤 이른 시기, 약 2억3000만 년 전의 트라이아스기에 출현했는데, 그 수가 증가하여 넓은 범위에 분포하게 되는 것은 공룡이 멸종한 후의 일이다. 공룡은 약 6600만 년 전에 멸종하고, 그 후 포유류로 대체되었다.

고생물학자에 따르면,[13] 5억4000만 년 전의 고생대 초기 이후, 지질 시대에는 대여섯 번에 걸친 생물의 대량 멸종이 발생했고, 이는 대여섯 번의 커다란 천재지변과 시대를 같이한다. 가장 오래된 것은 4억4500만 년 전, 오르도비스기가 끝나갈 무렵이다. 두 번째는 데본기의 멸종이라 불리는 것으로, 3억8000만 년 전부터 3억6000만 년 전 사이에 일어났다. 세 번째는 P-T 경계(페름기와 트라이아스기의 경계)의 멸종으로 불리는데, 기원전 2억5200만 년부터 2억4500만 년 사이다. 네 번째는 트라이아스기와 쥐라기의 멸종으로 2억 년 전이다. 이때 거대 양서류가 모두 멸종했다. 그중에는 프리오노수쿠스라는, 몸길이가 9미터나 되는 일본장수도롱뇽과 같은 생물도 포함되어 있다. 다섯 번째의 백악기와 신제삼기의 멸종은 가장 유명하며, 6600만 년 전에 일어났다. 이때 공룡을 포함한 생물의 절반 이상이 멸종했다. 마지막 여섯 번째는 1만 3000년 전, 홀로세Holocene의 멸종으로, 이것은 인류가 세상을 석권하게 되면서 발생했다. 이 여섯 개의 연대를 차례로 열거해보자. 그러면 445×10^6, 370×10^6, 250×10^6, 200×10^6, 66×10^6, 13×10^6으로 지수함수와는 전혀 거리가 멀다. 즉 고생물학은 커즈와일이 주장하는 자연의 진화가 지수함수적이라고 하는 법칙을 확실히 부정하고 있다. 다른 이유가 더 필요하다고 한다면, 스티븐 제이 굴드의 저서 중 『풀하우스』[14]에서의 한 구절을 소개하겠다. 굴드는 진화가 언제나 우발적인 것이라고 설명한다. 전체적으로 보면, 진화 과정은 복잡화를 향해 연속적으로 진행되는 것도 아니고, 또한 완성된 이상적인 형태를 목표로 진보하는 것도 아니다. 종의 진화를 생물이 그 발전 과정에서 잠재 능력을 서서히 발휘해나가는 것으로 연결시키려는 노력은 쓸데없는 일이라는 얘기다.

지능과 연산 능력

본래 지능이란, 단순 작업을 하는 속도나 메모리에 저장된 정보량을 의미하지 않는다. 연산 성능이 향상되거나 기억 용량이 증가했다고 해서 자동적으로 지능이 생기진 않는다. 이는 아마도 인공지능이라는 용어가 일으키는 약간의 혼란에서 비롯된 것 같다. 인공지능 연구는 1955년에 존 매카시와 마빈 민스키[15]라는 두 수학자에 의해 인간과 동물의 다양한 인지 능력을 컴퓨터상에서 재현할 목적으로 시작되었다. 두 수학자가 가진 발상의 출발점은 지능을 단순한 기능별로 분해할 수 있다면 이를 컴퓨터로 재현할 수 있다는 것이었다. 이 연구를 위해 시작한 작업 프로그램은 근대 물리학 및 현대 생물학의 그것과 유사한 면이 있다. 갈릴레오 갈릴레이 이후의 근대 물리학에서는 자연을 수학 언어로 표현하고자 했고, 또한 현재의 생물학에서는 왓슨과 크릭이 DNA의 이중나선 구조를 발견하면서 분자생물학의 시대가 도래한 이후, 생물 연구를 화학 구조의 연구로서 행하게 되었기 때문이다. 하지만 자연을 수학 언어로 표현하려는 생각도, 생물을 물리화학적 현상으로 연구하려는 방식도 통일된 하나의 답을 제시하지는 못한다. 오히려 그 반대로 수많은 유망한 이론을 이용하여 물리적, 생물학적인 현상의 다양성을 이해하도록 촉진한다. 그리고 그 다양한 이론은 탐구와 비교·대조, 실험을 통해 그 유효성을 판별해야 한다. 인공지능에 대해서도 마찬가지라고 할 수 있다. 먼저 지능의 다양한 면을 분해하여 각 부분을 시뮬레이션할 필요가 있다. 그리고 그 시뮬레이션을 가능하게 하려면 컴퓨터의 성능 향상보다는 오히려 알고리즘과 지식을 표현하는 방법의 형식화 및 사고 방법의 모델 구축과 논리가 필요하다. 비록 컴퓨터 덕분에 정보 활용이 발전하고, 오늘날의 우리에게 컴퓨터는 없어서는 안 될 존재가 되었다 하더라도 그 점에는 변함이 없다. 다시 말해, 연산 능력이 뛰어나다는 것만으로는 답도 설명도 내놓을 수 없다. 마법처럼 눈

깜짝할 사이에 인공지능이 새로운 가능성을 열어주지는 않는다.

지능이라는 것은 기계든 인간이든 물질과 마찬가지로 매우 다양한 형태를 취하며 나타난다는 점을 강조하고 싶다. 18세기에 발표된 학설, 특히 프란츠 요제프 갈독일의 해부학자의 능력 심리학에 관한 학설, 나아가 19세기의 이폴리트 텐프랑스의 철학자, 알프레드 비네프랑스의 심리학자, 찰스 스피어먼영국의 심리학자 등의 과학적 심리학에 관한 학설, 최근에는 인지과학에 관한 학설이 지능의 다양성에 대해 역설하고 있다. 예를 들면 스타니슬라스 데하네프랑스의 인지과학자의 학설이 있다. 그에 따르면 계산[16]이나 독서[17]처럼 간단해 보이는 활동이라도 뇌는 서로 다른 수많은 능력을 동원하는데, 그것도 상황에 따라 변화시키고 있다. 예를 들어 계산은 작은 수인지 큰 수인지, 암산인지, 종이에 쓰는지, 아날로그인지 디지털인지 등에 따라 달라진다. 데하네는 뇌의 기능을 단층 화상을 이용하여 관찰함으로써(신경 촬영법), 이 이론을 반박의 여지가 없는 방법으로 증명했다.

결국 컴퓨터의 연산 능력과 컴퓨터가 지능을 재현하는 능력에는 직접적인 관련성이 없다. 따라서 설사 무어의 법칙이 통용된다 하더라도(통용되지 않는다는 점은 지금까지 살펴본 바와 같지만) 그에 따라 슈퍼인텔리전트 머신이 탄생한다고 논할 수는 없는 것이다.

제4장

컴퓨터는 자율적으로 움직일 수 있을까?

자기 복제 기계 | 기계 학습 | 빅 데이터 | 리스크의 정도

기계 학습 알고리즘의 분류 | 컴퓨터의 창조성

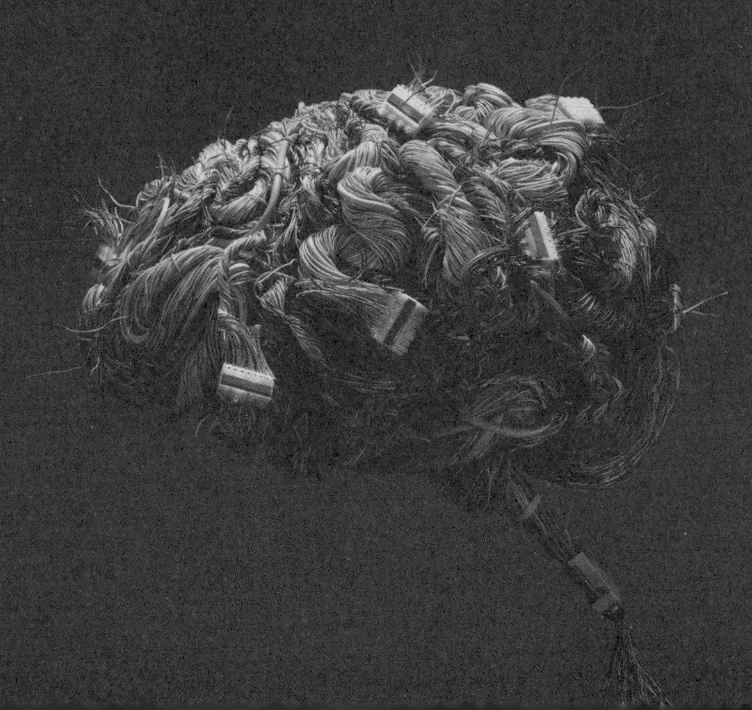

자기 복제 기계

어느 날 내게 한 통의 메일이 도착했다. 그것은 메일 리스트의 등록자에게 일괄 송신된 것이었다. 그 메일이 오고 머지않아 한 수신자로부터 부재 통지가 도착했다. 휴가 중이라 회신할 수 없기 때문에 부재 통지를 자동 송신하도록 설정해둔 것이리라. 잇달아 다른 두 명의 수신자로부터도 같은 부재 통지가 왔다. 하지만 곤란하게도 세 명의 부재 통지가 메일의 송수신자 전원에게 송신되도록 설정되어 있었다. 그래서 다른 두 사람으로부터 부재 통지가 도착할 때마다 그에 대한 부재 통지가 송신되는 일이 끝없이 되풀이되는 일이 벌어지고 말았다. 메일함은 끊임없이 메일을 수신하느라 순식간에 가득 찼다. 게다가 그런 상황에 화가 난 다른 수신자들이 사태 수습을 요구하는 메일을 송신자에게 보내자 메일은 더욱 늘어났고, 이에 대해 '더 이상 사태가 악화되지 않도록' 메일에 회신하지 말기를 간절히 원하는 송신자의 메일이 사태를 한층 더 악화시켰다. 메일함에는 불필요한 메일이 무서운 기세로 계속 증가했다. 그것은 마치 눈사태 같았다. 처음에는 작았던 눈뭉치가 비탈을 내려가며 구를 때마다 자꾸자꾸 커져서 새로 쌓인 눈을 자극한다. 그러면 새로 쌓인 눈이 무너져 내리고, 이번에는 바람에 날려 쌓여 있던 눈이 자극을 받아 더욱 큰 눈사태로 발전한다. 다만 눈의 양에는 한계가 있기 때문에 눈사태는 어느 정도 지나면 멈춘다. 그런데 송신 수에 제한이 없는 메일이라면 그렇지 않다. 엔지니어에게 부탁해 시스템을 손보는 것 외에는 멈출 방법이 없는 것이다.

이 문제는 아주 사소한 사건이 차례로 영향을 미쳐 결국에는 중대한 결과를 초래한다는 점에서 도미노 이론이나 연쇄 반응, 체계적인 시스템 리스크와 통하는 면이 있다. 물리의 세계에서는 열역학의 에너지 보존 법칙에 따라 일정 에너지가 할 수 있는 일의 양이 한정된다. 한편 가상의 세계에서는 자기 복제도 가능하다. 그리고 기계의 능력이 한계에 이르지 않는 한 그것은 멈추지 않는다.

대체로 우리는 무언가가 연속하여 일어나는 사태에 그리 좋은 이미지를 가지고 있지 않다. 동일한 메일이 끝없이 송신되는 이 사건도 불편과 불쾌감 그 자체다. '부정 소프트웨어의 개발 엔지니어가 자기 복제 알고리즘을 응용하여 컴퓨터 바이러스나 웜을 만들었다'는 말을 들으면 부정적인 이미지는 더 강해지고, 하나도 좋을 게 없다고 생각해버린다.

그러나 기계가 무의미한 데이터를 오직 열심히 복제하는 것이 아니라 프로그램을 복제하면서 스스로의 행동을 돌아보고, 그때마다 적합한 결과를 음미하면서 개선해갈 수 있다면 그것은 훌륭한 성과를 가져올 것이다. 즉, 프라이밍 이론(선행 학습이 후속 학습에 영향을 미친다는 이론)을 인공지능의 자기 학습에 응용하는 것이다. 이와 관련해서는 프랑스의 자크 피트라,[1] 그 이전에는 미국의 사울 아마렐[2]이나 허버트 겔런터[3] 등이 언급했고, 반세기에 걸쳐 다양한 연구가 진행되어왔지만 실제로는 별다른 성과를 내고 있지 못하다. 성과는커녕 반론조차 제기되지 않는 상황이니 바야흐로 이제는 뮌히하우젠 남작(허풍선이 남작)의 모험담[4]이나 다름없이 생각되고 있는 건 아닌지 모르겠다. 말에 탄 채로 늪에 뛰어들어 목까지 진흙탕 속에 잠겨버린 남작은 말을 양 무릎에 끼우고, 직접 자신의 머리카락을 잡아 말과 함께 늪 밖으로 끌어냈다고 하니 말이다.

기계 학습

그 옛날 아직 인공지능이라는 용어조차 존재하지 않던 무렵 앨런 튜링[5]은 이미 기계의 자기 학습에 대해 언급했다. 1948년과 1950년에 집필한 기계의 지능에 관한 논문에서 그는 다음과 같이 말하고 있다. 기계가 생각하기 위해서는, 더 정확히 표현하자면 생각할 수 있는 생물처럼 행동하기 위해서는 우리를 둘러싼 세계와 사회의 실정에 관한 방대한 양의 지식을 갖고 있어야 한다고. 그러나 그러한 지식을 기계로 이행하는 일은 실로 어마어마한 작업일 뿐 아니라 끝도 없다. 인간의 지식에는 명확한 한도가 없기 때문이다. 튜링에 따르면, 지식을 일일이 프로그래밍 언어로 변환하기보다는 기계에 학습 능력을 갖게 하는 편이 훨씬 더 효율적이라고 한다. 즉, 기계가 주위 상황과 자기가 있는 장소, 자기 행동을 관찰하고, 그에 따라 지식과 기술을 획득하는 능력을 갖는 것이다.

그로부터 수년 뒤인 1955년, 마침내 인공지능이라는 용어가 탄생하자 이 과학 분야의 선구자들은 새삼 기계 학습[6]을 언급하며, 그 중요성과 유용성을 주장했다. 그로부터 60년간 인공지능의 자기 학습 능력을 향상시키기 위해 밤낮으로 연구가 진행되어왔다.

지금까지 모색된 다양한 접근법 중에는 연합 기억이나 조건 설정 등 심리학 분야에서 가져온 것도 많다. 그 외에 시냅스의 가역성, 즉 인간의 뇌를 구성하는 뉴런(신경세포) 간에는 자극에 따라 결합의 강도가 변화하는 성질이 있는데 이것을 응용하는 시도나 생물의 진화, 인류의 사회화, 꿀벌이나 개미 등 사회성 곤충의 자체 조직화에 주목한 연구 등도 행해지고 있다.

이렇듯 다양한 접근법에 대한 연구를 거듭하여 컴퓨터에 도입하고, 비교 평가를 반복한 것이 대부분 기계 학습 알고리즘의 체계화로 연결되었다. 자세한 설명은 생략하고 명칭만 소개하자면, 널리 사용되고 있는 것으로 뉴럴 네트워크neural network, 유전적 알고리즘, 결정목 학습, u-근접 이웃, 베이지안Bayesian 학습, 커넬 기법Kernel Methods, 서포트 벡터 머신support vector machine(SVM), 심층 학습(딥러닝deep learning) 등이 있다. 이들 수법은 매우 유용하고 취급하기 쉬워 오늘날 모든 분야의 인공지능에 응용되고 있다.

빅 데이터

오늘날에는 매일 방대한 양의 데이터가 축적되고 있다. 센서, 지진계, 전파 망원경, 심장 주파수계, 카메라, 마이크로폰을 비롯해 모든 종류의 인터넷 접속 기기로부터 자신도 모르는 사이에 정보가 수집되는 한편, 크라우드소싱crowdsourcing*을 활용하여 스스로도 데이터를 수집한다. 이들 데이터는 역시 인터넷을 매개로 거의 자동적으로 수집되어 거대한 덩어리가 된다. 누군가의 미니 블로그나 검색 엔진에서 조사한 용어, 열람한 페이지, 남긴 코멘트까지 모든 것이 수집되고 있는 것이다. 예를 들어 카 내비게이션 앱인 웨이즈Waze는 차량의 이동 경로와 순간 속도를 규칙적으로 기록하고, 그 데이터를 통합하여 도로의 혼잡 상황을 추측해서 사용자에게 최적의 경로를 제공한다. 또한 인간의 생리학적 수치(심박 수, 혈압, 혈당치 등)를 인터넷에 접속된 손목시계나 팔찌에 상시 기록하고, 그것을 전문 기관에 보내 실시간으로 건강을 확인하는 구상도 존재한다. 이렇게 수집된 데이터는 그 방대한 양에 어울리

* '아웃소싱'(외부 위탁)에 군중을 의미하는 '크라우드'를 붙여서 만든 신조어. 인터넷을 매개로 불특정 다수의 사람에 의해 공동으로 추진되는 업무 방식을 말한다.

게 빅 데이터라 불린다. 하지만 최근 수십 년 동안 데이터 생성량이 2년마다 배로 증가하는 상황에 우리는 익숙해져버린 듯하다. 방대하다고 해도 실감하지 못하는 것이다. 그렇다면 머리가 핑핑 돌 정도로 어마어마한 양이란 실제로는 어느 정도일까?

이에 대한 답을 얻으려면 약간의 계산이 필요하다. 그러면 여기서 유서 깊은 프랑스 국립도서관의 장서 목록을 한번 살펴보자. 오랜 세월에 걸쳐 지식인들의 안식처가 되었던 이 도서관에는 현재 약 1400만 권의 도서가 소장되어 있다. 그런데 이들 책에는 권당 100만 개의 문자가 쓰여 있다고 한다(책을 써본 적이 있는 사람이라면 알겠지만, 이것은 꽤 낮게 추정한 수치다). 즉, 장서 전체를 합하면 14조 개의 글자가 쓰여 있다는 계산이다. 그것을 디지털화하면 영숫자 한 글자는 1바이트로 표현되므로, 14조 개의 문자는 14조 바이트의 디지털 데이터가 된다. 즉, 14테라바이트다(1테라바이트는 100만 메가바이트=10^{12}바이트에 상당한다). 이를 염두에 두고, 오늘날의 빅 데이터 사회로 눈을 돌려보자. 트위터라는 애플리케이션상에서 매일 교환되는 트윗의 용량만 수 테라바이트에 달한다고 한다. 페이스북에 이르러서는 하루의 데이터 처리량이 500테라바이트로, 프랑스 국립도서관 데이터량의 수십 배에 필적한다. 또한 2015년에 인터넷상에서 수집된 전체 데이터는 7제타바이트(제타바이트는 10^{21}바이트), 즉 7억 테라바이트로, 이는 프랑스 국립도서관 데이터량의 무려 5억 배에 상당한다.

게다가 지금은 이러한 대용량 데이터를 수집하는 데 그치지 않고 처리할 수도 있게 되었다. 앞 절에서 언급한 기계 학습 알고리즘을 이용하여 빅 데이터로부터 지식을 자동적으로, 나아가 초고속으로 추출할 수 있는 것이다. 이 기술은 애플의 시리 등의 음성 인식 시스템이나 구글의 자율주행차에도 이용되고 있다. 또한 안면인식 소프트웨어에도 적용돼 특정 조건하에서는 매우 높은 인식률을 올리고 있다. 2016년 3월에는 구글 산하의 딥마인드DeepMind 사가 만든 AlphaGO(알파고)라는 바둑 프로그램이 세계 최강의 바둑기사 중 한 명인 이세돌과 대국하여 승리를 거두었는데, 이 바둑 프로그램에도 기계 학습 알고리즘의 심층 학습과 강화 학습을 조합한 수법이 이용되고 있다. 이런 모든 예는 기술의 실효성을 실증하는 것이라고 말할 수 있다. 그리고 이것이 제1장에서 말했듯 스티븐 호킹을 비롯해 프랭크 윌첵, 스튜어트 러셀, 일론 머스크, 빌 게이츠 등 수많은 과학자가 입을 모아 경고하는 이유다. 그들의 주장에 따르면 가까운 장래에 컴퓨터는 자율적으로 움직이게 되고, 인간의 능력을 뛰어넘어 인간을 지배하게 된다고 한다. 과연 이것은 사실일까? 실제로 우리를 위협하는 요소가 존재할까? 컴퓨터가 기계 학습의 수법을 조합하여 빅 데이터를 처리하게 되면 왜 컴퓨터가 자율적으로 움직이게 되고, 인간을 뛰어넘게 되는 것일까?

리스크의 정도

이러한 의문에 대한 답을 찾기 전에 먼저 확인해두자. 기계는 자기 학습을 통해 수집한 데이터로 지식을 구축하고, 이를 토대로 프로그램을 변경하여 시스템을 자동 갱신할 수 있게 된다. 그 결과 기계의 처리 능력은 현저히 향상되고, 인간의 일상생활도 매우 편리해진다. 그런데 이러한 이점이 있는 한편, 최근 한 가지 폐해가 화젯거리가 되고 있다. 컴퓨터가 스스로 프로그램을 변경하면 인간의 관리가 미치지 않게 되고, 프로그램의 내용도 확인할 수 없게 된다. 그에 따라 인간이 컴퓨터의 행동을 예측하기 어렵게 된다는 것이다. 이 예측 곤란이라는 것에는 두 가지 의미가 있다. 하나는 처리 속도가 너무 빨라서 인간이 따라잡지 못한다는 것이고, 다른 하나는 컴퓨터가 하려는 행동 그 자체를 알지 못한다는 것이다. 아무튼 컴퓨터는 아무도 그 내용을 모르는 데이터를 토대로 만든 프로그램을 실행하고 있기 때문이다. 하지만 그러한 사실을 깨달았을 때는 이미 늦었다. 빅 데이터처럼 방대한 데이터를 완벽하게 처리할 능력을 갖춘 인간은 존재하지 않는다. 그 점에서 확실히 기계는 인간의 능력을 초월하고 있다.

이러한 상황에 대한 우려를 나타낸 인공지능 연구자들은 2015년에 두 통의 청원서에 서명했다. 첫 번째 청원서[7]는 1월에 발표되었는데, 학습 능력을 갖춘 인공 에이전트(혼자 힘으로 움직이는 가상 대리인 소프트웨어)의 확대에 따른 리스크와 향후에도 이와 관련하여 연구를 지속할 필요성이 있음을 호소했다. 두 번째는 7월[8]에 발표된 것으로, 드론과 로봇을 이용한 자율형 병기의 개발 금지를 호소하는 것이었다. 나는 현재 프랑스 국립연구기구ANR의 프로젝트, '윤리와 자립 에이전트EthicAA'[9]에 참가해 이 문제를 연구하고 있다. 이 프로젝트는 철학자, 논리학자 그리고 인공지능의 각 분야(자동 추론, 멀티 에이전트 시스템, 초준모델, 논증의 모델화 등) 연구자들이 협력하여 진행하고 있다. 인공 에이전트의 능력을 제한함으로써, 오늘날 여러 곳에서 저마다 논의를 야기하고 있는 인공지능이 윤리적·법률적으로 문제없이 운용될 수 있음을 보증하려는 것이다. 더 나아가서는 다양한 정보를 취급할 때, 인간과 인공 에이전트가 갖고 있는 쌍방의 이론 및 규범을 존중한, 더 올바른 결정을 내리기 위한 규칙을 만들려고 계획하고 있다.

로봇 기기와 가상 에이전트가 인간의 생활에서 차지하는 비율은 지금도 상당히 크지만, 장래에는 더 커질 것으로 예측된다. 그 중요성을 생각하면, 그러한 존재들이 인간에게 무해하다는 점을 확실히 해둘 필요가 있다. 이 문제에는 항상 주의를 기울여야 한다. 기계가 갑자기 기능하지 않게 되어버릴 가능성, 그 결과로 초래될 리스크와 그 후의 비극을 상상한다면 당연히 두려움을 느낄 수밖에 없을 것이다. 그렇더라도 기계와 가상 에이전트가 자율적으로 행동하게 되어 어느 날 갑자기 인간의 명령을 듣지 않게 되고, 인간을 무시하며, 그저 자신의 욕구를 충족시키기 위해서만 결정을 내리는 일이 일어날 것을 정말 두려워할 까닭이 있을까?

기계 학습 알고리즘의 분류

이 물음에 답하려면 기계 학습 알고리즘의 이야기로 돌아가야 한다. 기계 학습 알고리즘의 종류는 실로 풍부해 앞서 '기계 학습' 절에서 열거한 예는 극히 일부에 지나지 않는다. 다만 그 수는 많더라도 사실 알고리즘의 형태는 세 가지밖에 없다. 첫 번째는 '교사가 있는 학습' 알고리즘으로, 교사가 기계를 교육하면서 입력 데이터의 분류를 배우게 한다. 두 번째는 '교사가 없는 학습' 알고리즘으로, 기계가 스스로 학습한다. 세 번째는 '강화 학습' 알고리즘으로, 기계의 일련의 행동에 대해 일정한 대가와 벌을 주어 최적의 행동을 학습시킨다. 마치 옛날에 교사가 나쁜 짓을 한 학생의 손바닥을 자로 때리고, 정답을 말한 학생에게 좋은 점수를 주는 것과 같다.

이 가운데 교사가 있는 학습 알고리즘과 강화 학습 알고리즘은 최근 눈부신 성과를 올리고 있다. 특히 강화 학습은 일관된 주의력이 필요할 때, 혹은 블라디미르 바프니크[10]의 통계적 학습 이론이나 레슬리 밸리언트가 말하는 '확률적이고, 근사近似적으로 옳은PAC, probably approximately correct,'[11] [12] 모델의 수학적 이론을 필요로 하는 경우에 이용된다. 구체적으로 말하면, 받아쓰기와 같은 연속되는 소리의 인식, 지문·성문·안면의 인증이나 감정의 식별과 같은 인증 시스템, 자동차가 멈춰야 하는지, 앞으로 나아가야 하는지, 우회전인지, 좌회전인지를 결정하는 국면에서 강화 학습의 수법은 매우 유효하다. 우리는 인증하려는 샘플을 되도록 많이 기계에 입력하면 되고, 자율주행차의 성능을 향상시키려면 속도에 따라 보수를 주거나 사고를 낼 때 벌을 주면 되는 것이다. 그러나 교사가 있는 학습 알고리즘이 실행되려면 정답이 있는 예제가 필요하고, 강화 학습 알고리즘에는 보수가 요구된다. 여기서 한 가지 문제가 발생한다. 대체 누가 정답을 가르치거나 보수 혹은 벌을 주는가 하는 것이다. 그것은 바로 우리 인간이다. 기계는 인간이 가르친 규칙에 따라 행동하지 스스로 규칙을 만들어내고 있는 것이 아니다. 그런 의미에서 기계는 완전히 자율적이라고 말할 수 없다.

여기서 '자립'과 '자율'의 차이에 대해 명확히 해두자. 자립이란, 가상 대리인 소프트웨어 속의 에이전트가 스스로 움직이며, 누구의 힘도 빌리지 않고 의사 결정을 할 수 있음을 뜻한다. 가령 순서를 택하면서 달리는 자율주행차, 사전에 학습한 조건에 일치하는 표적이나 움직이는 물체라면 뭐든 공격하는 로봇 병기 등이 여기에 해당된다. 즉, 에이전트의 자립이란 기술적인 의미로서, 정보를 취득하여 의사 결정을 하고, 실행에 옮기기까지 물리적인 인과관계가 있으며, 아울러 인간 등 외부로부터의 개입이 없어도 동작이 가능하다. 한편 자율이라는 것은 철학적인 의미로, 스스로가 행동할 때의 기준과 목적을 명확히 갖고 있고, 스스로 규범을 만들어낼 수 있다는 뜻이다. 자율의 반대어는 타율로, 이것은 스스로의 의지에 상관없이 다른 이의 명령에 따라 행동하는 것이다. 자율적인 로봇 병기는 주어진 색상이나 형태 등의 조건에 맞는 표적을 찾아내 공격하는 등의 일은 하지 않는다. 스스로 제시한 목적을 완수하는 데 적합한 표적을 스스로 결정하는 것이다.

무인 전철이나 드론 등 인간은 오랜 세월에 걸쳐 스스로 움직이는 기계를 만들어왔다. 그리고 아무런 문제도 일어나지 않았다. 뿐만 아니라 기계 학습 기술 덕분에 그러한 기계의 개발이 더 효율적으로 이루어지게 되었다. 오늘날 세상이 걱정하는 것은 자립이 아니라 자율 쪽인데, 학습 능력이 주어져 스스로 프로그램을 개선할 수 있게 되어도 기계가 자율적이 되리라고는 생각할 수 없다. 왜냐하면 기계는 결국 인간에게 배운 이론이나 규칙에 따라 행동하게 되기 때문이다.

그렇다면 강화 학습이 인간처럼 자연계로부터 받는 보수(생존이나 만족감)와 벌(죽음이나 고통)에 의해서만 이루어지는 경우에는 어떻게 될까? 이때 행동 선택의 기준은 어디에서 오는 것일까? 개체의 성숙, 종의 진화, 생물계 전체의 보존 등 목적에 따라 최적의 기준이 달라지듯이 선택의 기준도 자발적으로 생겨나는 것이 아니다. 결국 강화 학습도, 교사가 있는 학습도 자율성은 없다. 실제로 강화 학습 알고리즘을 사용할 때는 인간이 최적의 선택을 하도록 기준을 설정하고, 기계는 이를 변경할 수 없게 되어 있다.

따라서 교사가 있는 학습이나 강화 학습 모두 기계를 자율적이게 하지 못한다. 즉, 스티븐 호킹, 일론 머스크, 빌 게이츠, 스튜어트 러셀 등이 잇달아 발표한 우려를 뒷받침하는 것은 아무것도 없는 것이다. 분명 지금까지의 경험상, 기계 학습처럼 단시간 안에 눈부신 발전을 이룬 수법은 어떤 문제를 야기할 위험성을 내포하고 있다. 그렇다고 해서 우리 인간이 귀환 불능 지점에 도달하고, 그 이후에는 기계에 의해 지배되리라고 말할 수는 없을 것이다.

컴퓨터의 창조성

그런데 기계 학습 알고리즘이 실행되려면 피처 벡터feature vector, 또는 수식이나 논리식 등의 형식 언어로 기술된 훈련 데이터가 필요하다. 이것을 어떻게 기술할지가 기계 학습을 효율적으로 진행하기 위한 중요 포인트가 된다. 훈련 데이터가 너무 조잡하면 기계가 지식을 공식화하는 데 충분한 정보를 얻을 수 없다. 또한 훈련 데이터가 너무 많으면 처리해야 할 쓸데없는 정보가 증가하여 포화 상태에 빠질 우려가 있다. 훈련 데이터는 기계가 학습해야 할 이론을 명확히 제시하는 것이어야 한다.

이처럼 훈련 데이터는 기계의 학습 능력을 높이고, 지식을 구축하는 데 있어 중요한데, 기계는 그 내용을 고쳐 쓸 수 없다. 양이 너무 많다고 해도 그것을 삭제하거나 제한할 수도 없다. 물론 이에 관한 연구도 이뤄져 1990년대에는 귀납 논리 프로그래밍으로, 최근에는 심층 학습에 의한 고쳐쓰기改書가 모색되었지만 충분한 성과는 얻지 못하고 있다. 결국 훈련 데이터의 고쳐쓰기는 인간에게도 매우 어려운 문제이며, 예를 들어 말하자면 그것은 새로운 과학적 발견과 조우했을 때의 반응에 가깝다. 토머스 쿤은 기성 개념의 범위 안에서 행해지는 과학 연구를 '정상적인 과학'이라고 명명했는데, 이러한 과학 연구는 기존 범위가 강요하는 제약을 넘지 못한 채 때로는 한정적이 되어버린다. 예를 들어 클로드 베르나르 프랑스의 생리학자는 쿠라레 독의 작용에 대해 근육의 마비와 신경 전도도의 변화, 두 가지를 가설로 정하고 20년이나 연구를 계속했지만, 양쪽 다 아무런 결론을 내지 못했다. 결국 둘 중 어느 쪽도 아닌, 신경에서 근육으로의 전달을 차단하는 작용이 있다는 사실이 훗날 밝혀지는데, 당시의 그는 그런 생각을 전혀 하지 못했다. 올바른 가설을 세우려면 그가 갖고 있지 않은 다른 개념이 필요했던 것이다.

가스통 바슐라르가 '인식론적 단절', 토머스 쿤이 '패러다임의 전환'에서 말한 기성 개념의 변화는 기존 개념이 확립되는 것보다 훨씬 더 천천히 그리고 우발적으로 진행된다. 그리고 오늘날의 기계 학습 수법은 기존 데이터로부터 경험적 법칙을 구하는 데는 능숙하지만, 새로운 개념을 창조하는 데까지는 이르지 못했다. 디스크립터가 생성되어 지식을 기술하는 언어는 더욱 풍부해졌지만, 그것은 빅 데이터를 기계 학습 알고리즘으로 활용하여 실현된 기술적 위업과는 관계없다. 한편 교사가 없는 학습의 수법에서는 새로운 개념을 자동적으로 창조할 수 있다고 생각되지만, 이 분야의 개발은 진전되지 않아 새로운 개념을 창조하는 것은 제쳐두고 개념 장치(사고의 골조)조차 창조되어 있지 않은 상황이다.

이처럼 현재 인공지능 기술 수준에서 보면, 컴퓨터가 인간의 힘을 빌리지 않고 끝없이 진화를 계속하다가 마침내 폭주하여 자율적 존재가 되며, 우리 인간을 지배하게 되리라고는 생각할 수 없다.

제5장

현대의 그노시스

인공지능을 '가상'으로 인식하다 | 또 하나의 가상, 그노시스

인공지능을 '가상'으로 인식하다

화석과 결정

자연계에서는 물리화학적인 과정을 거친 끝에 고체 물질을 구성하는 분자가 완전히 변해버릴 때가 있다. 이는 분자가 천천히 바뀌며 일어나는 경우도 있고, 외부 물질이 더해져 서서히 변질되는 경우도 있다. 혹은 외부 온도나 압력의 변화로 인해 단순히 구조만 바뀌기도 한다. 결정 작용처럼 분자의 입체 구조가 변하면서 역학적 성질도 바뀐다. 이러한 현상이 아주 천천히 일어나면 외형은 유지된 채 물리화학적인 구조만 변한다. 그 결과 외형과 내용물이 완전히 다른, 생각지도 못한 일이 일어난다. 예를 들면 셀룰로스의 섬유가 실리카(이산화규소)로 바뀌어 나무가 석화하는 경우나 유기물의 분자가 다양한 무기물로 바뀌어 동물이나 물고기의 뼈, 조개껍질이 화석이 되는 경우, 혹은 아라고나이트(산석霰石)의 결정 내부에서 구조 자체는 유지된 채로 탄산칼슘 분자가 자연동自然銅으로 바뀌는 경우가 있다. 이들은 가상假像(pseudomorphose)이라 불리는 현상이다. pseudo-는 '거짓의' 또는 '눈을 속이다'라는 뜻의 그리스어 pseudés로부터, -morphose는 '형태의 형성'을 의미하는 morphosis로부터 왔다.

사회의 석화

독일의 철학자 오스발트 슈펭글러는 제1차 세계대전 후 출판한 명저 『서양의 몰락』[1]에서 이 가상의 개념을 사회 현상에 적용해 우세한 문화가 본래의 외관을 유지한 채 열세한 문화에 의해 서서히 변화해가는 모습을 설명했다. 가상이라는 용어를 그런 식으로 이용하는 것이 적절한지 아닌지에 대한 판단은 차치하고, 서로 다른 영역의 문제를 논하는 데 있어 우리도 이 용어를 차용하기로 하자. 지금부터 언급하는 것은 인식론의 문제가 되는, 최근 발전하고 있는 '강한 인공지능'이나 '범용 인공지능'과 같은 분야가 스스로를 인공지능이라 칭하고 있는 현상을 가상이라는 용어를 빌려 설명하고자 한다. 왜냐하면 인공지능이라고는 하면서 이러한 분야에서 이야기하고 있는 것은 본래 의미와는 완전히 다른 내용, 특히 기술적 특이점 가설에 관련된 내용이기 때문이다.

인공지능의 역사

'인공지능artificial intelligence'이라는 용어는 1955년에 젊은 수학자 존 매카시가 처음 썼다.[2] 매카시는 동료 과학자인 마빈 민스키, 네이선 로체스터, 클로드 섀넌 세 명과 함께 대학의 하기 강좌 계획서를 제출했는데, 그 내용은 인간의 인지 기능을 기계가 모방하도록 한다는 것이었다. 계획서를 보면 이 새로운 학문의 기초가 된 원리를 잘 이해할 수 있다. 그 안에는 이 연구가 '학습을 비롯한 지능의 다양한 기능 과정을 정확히 기술하면 지능을 모방하는 기계를 제작할 수 있다는 가설에 근거하고 있다'[3]고 쓰여 있다.

이 연구의 과학적 목표는 추론·기억·계산·지각 등 지능의 다양한 기능을 컴퓨터로 재현하여 지능을 이해하는 것이었다. 즉 매카시 등은 지능을 체계적인 방법을 통해 기본적인 기능으로 분해하여 각각의 기능을 기계로 모방하려 했던 것이다. 1955년은 최초의 컴퓨터가 실현되고 아직 10년도 채 지나지 않았을 무렵이다. 따라서 그것은 무한한 탐구의 지평을 개척하는 것으로, 그때까지 없었던 새로운 과학의 학문 분야였다. 즉, 최신 정보처리 기술을 이용하여 사고에 관한 실험을 하려는 것이었다. 계획서에는 몇몇 연구 과정이 제시되어 있었다. 예를 들면 새로운 프로그래밍 언어의 개발, 알고리즘의 성능 연구, 뉴럴 네트워크의 수학적 모델의 활용, 창조성의 해석과 시뮬레이션, 추상적인 현상의 연구, 기계가 자기의 기능 상태를 검사하면서 행하는 자기 학습 메커니즘을 실현하는 것 등이다. SF의 세계로부터 약간의 영향을 받았을 수도 있지만, 매카시 등의 목적은 겸허한 것이었다. 창조주가 되려는 생각은 없었고, 인간의 복제나 초인을 탄생시키려는 의도도 없었다. 그들의 목적은 어디까지나 실증적이고, 현실적인 것이었다. 동물의 지능이든 인간의 지능이든 인지 기능을 기계로 모방함으로써, 지능을 더욱 깊이 이해하고자 했던 것이다.

그 후 60년 동안 이 연구 분야는 전대미문의 성공을 거두어 다른 어떤 학문보다 세상을 크게 바꿔놓았다. 예를 들어 인터넷은 하이퍼텍스트hypertext를 사용하여 전기통신 네트워크를 결합시키면서 탄생했는데, 이 하이퍼텍스트도 인공지능 기술을 활용해 1965년에 생각해낸 기억 모델이다. 웹페이지를 기술하기 위한 최초의 언어 HTML(hypertext markup language)의 이름에서도 그 흔적을 찾아볼 수 있을 것이다. 그 밖에 음성 인식, 바이오 매트릭스bio-matrix(생체 인증), 안면 인식, 검색 엔진, 프로파일링이나 추천 등의 기술은 모두 인공지능의 원리를 응용한 것이다.* 사물 언어, 형상적 존재론, 기계 학습, 빅 데이터 처리 또한 인공지능에서 나온 것이다.** 실로 인공지능에 의해 모든 인간 활동이 변화를 이

---

* 바이오 매트릭스는 프랑스어로 비오메트리biométrie라고 한다. 비오메트리는 특정 집단 내에서의 생물학적 변이를 연구하는 과학을 의미하는데, 그와 동시에 오늘날에는 지문이나 성문, DNA, 홍채, 안면의 형태 등 신체적 특징으로 개인을 식별하는 기술의 총체를 가리킨다. 우리가 여기서 다루는 바이오 매트릭스는 두 번째 의미다.

프로파일링profiling은 프로파일러profiler로부터 파생된 용어로, 프로파일profile의 분석을 의미한다. 본래는 범인의 심리나 행동의 특징을 추정하는 수사 기술이다. 이 용어는 인터넷 비즈니스의 세계로 빠르게 확대되어 사이트를 방문하는 고객의 기호와 구매활동을 판단하는 단서가 되는 모든 것을 가리키게 되었다. 오늘날 프로파일은 사이트를 방문하는 고객이 남긴 행동 이력과 '좋아요!'에 의한 찬성의 의사 표시로부터 자동적으로 도출된다.

현대인은 대량의 상품 앞에서 어찌해야 할지 당황하고, 질리면서 구매 의욕을 잃고 있다. 전문가는 이를 '선택의 위기'라 부르는데, 소비 의욕을 환기하기 위해 고객의 프로파일로부터 각각의 욕구를 예측하고, 그에 맞는 상품만을 선택하여 제공한다. 이것이 마케팅에서 추천이라고 말하는 것이다. 추천은 인공지능 기술을 이용하여 자동적으로 산출된다.

** '사물 언어'는 사물을 계층에 따라 구성된 개체로 이용하는 것을 근거로 한 프로그래밍 언어다. 이 언어는 주로 1970년대 인공지능과 인지심리학의 공동 작업으로 나타난 기억의 모델화 연구에서 영감을 얻었다.

인공지능 전문가들이 제공한 기술을 받아들이면서, '형상적 존재론'은 시소러스thesaurus, 즉 용어 간의 상위 개념, 하위 개념, 동등, 관련 혹은 배제 등의 논리적 관계를 나타내는 사전을 의미한다. 정리定理를 자동으로 설명하는 사람들은 이를 이용해 인간이 만든 추론과 유사한 자동 추론에 접근한다.

룬 것이다. 산업용 로봇의 도입으로 노동이, 컴퓨터를 활용한 고속 트레이딩HFT으로 금융이, 고객에 대한 프로파일링과 추천 기능으로 경제가, 컴퓨터를 사용한 시뮬레이션과 실험으로 과학 연구가, 나아가 소형 무인기 드론으로 전쟁까지도 바뀌어버린 것이다.

강한 인공지능

이렇게 1955년에 매카시 등의 연구 프로젝트가 공표되자마자 인공지능은 순식간에 다양한 억측을 불러일으켰고, 특히 철학자들의 반응을 자아냈다. 과거 17세기부터 18세기에 걸친 계몽시대에 인간 정신의 이성화라는 움직임이 일어나 유물론자이자 기계론자인 사상가 쥘리앵 오프레 드 라메트리가 『인간 기계론』[4]이라는 도발적이고 선구적인 제목의 책을 저술했는데, 매카시 등을 비판하는 철학자들은 인공지능이 그러한 기획의 연장선상에 있다고 주장했다. 그런데 이 프로젝트는 선행하는 인지주의자들의 접근법과 방향성이 같았다. 매카시 이전에 인지주의 철학자들은 힐러리 퍼트넘현대 미국을 대표하는 철학자 등을 선두로 인간 정신의 기능과 컴퓨터의 기능 사이에 유사성이 있음을 지적했다. 뇌와 심리 현상의 관계가 하드웨어와 소프트웨어의 관계를 닮았다는 것이다. 프랑스어로도 하드웨어 'matériel'은 'matière(물질)'로부터, 소프트웨어 'logiciel'은 'logos(이성)'로부터 왔는데, 이미 여기서 유사성이 느껴진다. 1960년대에 들어서는 제리 포더가 스승 퍼트넘의 뒤를 이어 인지주의 관점에서 연구를 계속했다. 포더는 인공지능의 연구에서는 지능을 분해하여 파악한다는 점에서 힌트를 얻어 '모듈성' 이론을 제창했다. 정신은 특수한 모듈로 구성되어 있고, 각각의 모듈은 다른 인지 기능을 담당하면서 상호작용을 하고 있다고 주장한 것이다.

이러한 인지주의 입장에서의 정통적인 접근법에 대해 이견을 제기하는 철학자들도 있다. 정신을 일개 컴퓨터로 환원시켜버리는 행위라며 부정하는 사람이나 실체인 뇌의 구조로부터 독립된 인지 기능의 존재를 인정하지 않는 사람도 있었다. 인공지능에 대한 통렬한 비판도 일어났다. 다만 그것은 인공지능이라는 학문 자체를 비난하는 것이 아니라 그 토대가 된다고 여겨지는 철학을 비난한 것이었다. 예를 들어 지금으로부터 약 30년 전 휴버트 드레이퍼스[5] 등의 철학자가 여러 저술을 통해 집요하고 일방적인 공격을 전개했다. 이는 인공지능을 응용한 다양한 기술 혁신의 성과에까지 영향을 미쳤다. 드레이퍼스 등에 따르면, 전통적인 서양 철학은 플라톤으로부터 시작되어 하이데거의 현상학에 이르기까지 2500년에 걸쳐 잘못된 외길을 걸어왔으며, 인공지능도 그 길을 따라가고 있다고 한다.

한편 존 설미국의 언어철학자이나 폴과 퍼트리샤 처칠랜드뇌과학자이자 철학자 부부, 아울러 스티븐 스티치인지과학 철학자 등은 좀더 완곡하게 비판했다. 네 철학자는 저술을 통해 인공지능 분야의 과대한 야심에 의문을 던지면서, 인공지능을 만들고 있는 물질적 구조를 고려하지 않은 채 컴퓨터상에서 의식을 재현할 수 있다고 하는 생각은 지나친 자만이라고 비판했다. 결국 인공지능을 옹호하는 입장이든, 비판하는 입장이든 철학자들이 문제 삼고 있는 것은 연구자나 엔지니어가 실제로 행하고 있는 연구활동 자체보다는 그 바탕에 존재하는 철학적인 사상이었다. 설은 유명한 논문 「중국어의 방」[6] 서론에서 이 사고 실험의 철학적인 목적이 '강한 인공지능'과 연구자나 엔지니어가 관련된 '약한 인공지능'을 대비시키는 데 있다고 말한다. 그는 약한 인공지능에 의해 실현된 다양한 성과에는 감탄하지 않을 수 없다며 솔직히 인정하고, 현시점에서 인공지능의 성공과 향후 가능성을 전혀 의심하지 않았다. 즉, 명확하게 실증적이고 기술적인 과학 분야와 그보다 훨씬 심오한 철학적 문제를 확실히 구별한 것이다. 설이 이의를 제기한 것은 후자에 대해서였다.

존 설이 강한 인공지능이라는 용어를 설명의 도구로 쓴 것은 1980년대 초였다. 이 강한 인공지능이야말로 앞서 정의한 인공지능의 가상이다. 왜냐하면 강한 인공지능과 본래 의미에서의 인공지능은 이름이 서로 비슷하지만 목표와 방법은 전혀 다르기 때문이다. 과거 컴퓨터로 시뮬레이션을 하고, 실험을 통해 검증하는 데 기초를 둔 과학의 한 분야였던 것이 지금은 논증에만 기초한 철학적 접근법이 되고 있다. 이전에는 지능을 컴퓨터로 재현할 수 있는 기본적인 기능으로 분해한다고 했었는데, 지금에 와서는 기본적인 인지 기능으로부터 정신과 의식을 재구성한다고 말한다. 석화 작용과 마찬가지로 강한 인공지능은 약한 인공지능에서 외

중국어의 방

인지주의 철학자들은 정신활동을 단순한 기호의 기계적 조작과 같다고 보는 경향이 있다. 존 설은 그것이 무의미하다는 사실을 증명하기 위해 1980년대 초 「중국어의 방」[7]이라 불리는 사고 실험을 소재로 논문을 썼다.

장소는 중국이거나 아니면 적어도 영어를 전혀 사용하지 않는 나라의 감옥과 같은 방이고, 그 안에는 미국인 한 명이 들어가 있다. 미국인은 정녕 미국인답게 영어밖에 이해하지 못한다. 감옥 안에는 바구니가 있고, 그 안에는 다양한 한자가 쓰인 도자기 타일이 들어 있다. 방 한쪽 벽에는 작은 구멍이 뚫려 있어 죄수는 바깥 상황을 아주 조금 볼 수 있다. 작은 창도 하나 있어 죄수는 작은 창으로부터 밖을 향해 도자기 타일을 내보일 수 있다. 그리고 또 큰 책이 있는데, 그 책에는 '밖에 보이는 한자를 바구니 속에서 찾아내 작은 창을 통해 내보일 것'이라는 규칙이 쓰여 있다. 책은 마지막으로 음식이 먹고 싶으면, 이 책에 쓰인 명령에 신속히 따라야 한다고 죄수에게 통고한다. 이번에는 감옥 밖에 있는 중국인 입장에 서보자. 한자를 써서 죄수에게 보이면, 죄수는 그것과 같은 한자가 쓰인 타일을 작은 창으로 가져와 질문에 정확히 답한다. 그러면 우리는 죄수가 중국어를 완벽히 이해하고 있다고 생각해버릴 것이다. 그것을 의심할 이유가 전혀 없기 때문이다. 그런데 설은 그렇지 않다고 말한다. 비록 수년 동안 한자 타일을 정확하게 선택해서 밖에 있는 상대에게 보여준다고 해도 감옥에 갇혀 있는 미국인은 단 한마디의 중국어도 알지 못한다. 죄수의 행동은 엄격히 정해진 규칙에 따른 기계적인 것이다. 혹은 언어학자이기도 한 설의 말을 빌린다면 구문 규칙syntax적인 것이다. 하지만 죄수는 결코 그 의미를 이해할 수 없다.

이 사고 실험은 철학적 논의에서 중요한 역할을 했다. 논리적 규칙에 따른 기호 조작으로 여겨지는 인공지능과 정신의 기능을 단순 비교하는 것에 의문을 제기했기 때문이다. 그렇더라도 이 이야기는 실증적 과학으로서의 인공지능에 가치가 없다고 말하는 것은 아니다. 게다가 사고 실험 「중국어의 방」을 발표한 논문에서 설은 공학으로서의 인공지능을 전면적으로 평가하고 있다. 그리고 그런 이유로 '약한 인공지능'과 '강한 인공지능'을 구별한다. 설이 '약한 인공지능'이라 부르는 것은 훌륭한 기계를 만들어내는 데 사용되는 엔지니어의 인공지능이다. 한편 '강한 인공지능'이란, 구문 규칙에 따라 기호를 조작하고, 의식을 비롯한 정신의 다양한 기능을 재현하려 하는 것이다. 이것은 불가능하다고 설은 말한다. 왜냐하면 정신의 산물은 기호보다 한결 고운 '섬세함'으로 성립되어 있기 때문이다. 이를 만들어내려면 복잡한 화학반응의 과정을 재현해야 한다. 「중국어의 방」의 사고 실험은 이를 분명히 하고 있다. 그러나 설의 논문으로부터 25년이 지난 현재 '강한 인공지능'이 또다시 등장하면서 그것을 실현할 수 있다고 주장하는 엔지니어들이 나타나기 시작한 것이다.

형만 그대로인 채 처음의 구성 요소를 계속 바꿔가면서 완성된 것이다.

범용 인공지능

존 설이 강한 인공지능이라는 단어를 쓰고 나서 수년 동안 이 개념은 크게 유행했고, 그 결과 모든 인공지능이 강한 인공지능이라고 믿는 사람들도 나타났다. 특히 이 말이 발생한 경위를 고려하지 않는 철학자들은 강한 인공지능에 대해 최초의 인공지능의 큰 꿈과 기호 조작만으로 정보를 처리하는 초보적인 방법을 표현하는 데 있어 '옛날의 좋은 AI(GOFAI, good old-fashioned artificial intelligence)'라는 말을 만들어냈다.

이어서 1980년대 말에는 로봇 공학자인 한스 모라벡 등이 강한 인공지능의 아이디어를 차용하여 개량형 인공지능(1970년대에 제창된 프랑스 요리의 새로운 조리법인 '누벨 퀴진nouvelle cuisine[새로운 요리]'에 빗대어 '누벨 AI'라고 불렀다)이 있으면 완벽한 지능을 갖춘 기계를 제조할 수 있다고 주장하며 SF에 등장하는 인공지능 기계에 영향을 미쳤다.

나아가 수년이 흘러 21세기 초에는 범용 인공지능AGI, artificial general intelligence이라 불리는 새로운 개념이 생겨났다. 60년 전에 탄생한 최초의 인공지능AI과 결코 혼동해서는 안 된다. 새로운 제창자는 벤 거츨오픈코드 파운데이션 회장, 마커스 허터인공지능 연구자, 위르겐 슈미트후버인공지능 연구자 등으로, 그들은 물리학이 수학에 의존하고 있는 것과 마찬가지로, 인공지능을 엄격한 수학적 기반 위에 세우려 했다. 이를 위해 일부 연구자는 콜모고로프의 복잡도 이론이나 레이 솔로모노프미국의 인공지능 학자의 귀납추리 이론의 힘을 빌렸다. 콜모고로프의 복잡도란, 만능 튜링 머신을 사용하여 임의의 문자열을 출력하기 위한 최소 프로그램의 길이를 말하며, 솔로모노프의 귀납추리는 콜모고로프의 복잡도를 토대로 예측을 최적화하는 것이다. 이러한 인공지능의 '현자의 돌'의 힘을 빌려 콜모고로프 복잡도에서 말하는 관찰 데이터의 궁극적인 압축을 실시하여 모든 형태의 기계 학습을 공식화하려는 것인데, 이는 오컴의 면도날Occam's razor(이론 체계는 간결할수록 좋다는 논리)적인 사고방식에 의거한다. 그들은 이로써 지능을 종합적으로 취급하는 과학의 기초가 완성되었다고 단언한다. 이 밖에 또 다른 기계 학습의 원리를 토대로 이론을 전개하는 연구자들도 있었다. 이를테면 심층 학습(딥러닝)이라 불리는 뉴럴 네트워크의 수학적 모델에 의한 학습이나 강화 학습 등이다. 범용 인공지능의 제창자들에 따르면, 기초가 되는 수학 정리는 모두 증명되었으므로, 이론적으로는 완전한 인공지능의 실현을 막을 것이 없으며, 이제는 물리적인 기계의 계산 능력과 기억 능력에 달려 있다고 한다. 여기서도 인공지능이라는 개념의 가상이 생겨난다는 점을 지적해두고 싶다. 지능을 몇 가지 요소로 분해하여 각각의 기능을 시뮬레이션한다는 실증적인 접근법이 어느새 지능에 관한 일반적인 수학 이론으로 바뀌었다는 점은 지금껏 설명한 바와 같다. 그렇더라도 강한 인공지

콜모고로프 복잡도

콜모고로프 복잡도란, 모든 데이터를 그 데이터가 만들어낼 수 있는 최소 프로그램의 길이로 표현한 것이다. 이름은 러시아의 수학자 안드레이 콜모고로프(1903~1987)로부터 나왔다. 예로서 두 문자열 C_1과 C_2를 생각해보자. 양쪽 다 32개의 영문과 숫자로 이루어져 있다.

C_1=abababababababababababababababab

C_2=3rs8fia09cdwg4p98fg4rexvtaz3xvyq

프랑스어로 C_1을 생성하는 짧은 지시 문장을 쓰는 것은 간단하다. '16번 ab를 반복한다'고 하면 된다. 그에 반해 C_2를 생성하는 간단한 지시 문장을 쓰기는 훨씬 어려워서 문자열 C_2 자체를 복사할 수밖에 없을 것이다. 그러므로 문자열 C_1은 문자열 C_2보다 단순하게 생각된다. 이 직감을 공식화하기 위해 만능 튜링 머신 프로그래밍 언어와 같은 임의의 만능 프로그래밍 언어 L을 생각하자. 나아가 모든 문자열에 대해 이 언어로 쓰인 해당 문자열을 생성하는 최소 프로그램의 길이를 계산할 수 있다고 가정한다. 이를 위해서는 언어 L로 쓸 수 있는 모든 프로그램을 가장 짧은 것부터 순서대로 열거하고, 복잡도를 측정하려고 하는 앞서의 문자열을 생성하는 프로그램이 나왔을 때 멈추면 된다. 물론 그 프로그램의 길이는 주어진 프로그래밍 언어 L에 따라 다르다. 그렇지만 프로그래밍 언어가 바뀌어도 최소 프로그램의 길이 차이는 정수 범위 내라는 사실이 증명되고 있다(불변성의 정리).

이런 등가성에도 불구하고 그 어떤 문자열을 이용해 콜모고로프의 복잡도를 합리적으로 계산할 일반적인 알고리즘은 존재하지 않는다. 왜냐하면 이는 선택된 언어에 달려 있기 때문이다. 하지만 콜모고로프의 복잡도를 규정하지 않는다면, 몇몇 경우에 있어 프로그램은 복잡도의 상위 경계를 제공한다.

콜모고로프 복잡도는 알고리즘 정보 이론에 속한다. 이것은 수학과 이론 정보학 사이에 위치하는 연구 분야로서, 1960년대 초부터 연구되기 시작했다. 먼저 레이 솔로모노프의 귀납추리 이론에 대한 연구가 있었고, 이어서 1965년에는 콜모고로프의 연구가, 1968년에는 그레고리 차이틴(수학자, 컴퓨터 과학자)의 연구가 발표되었다. 오늘날 콜모고로프의 이론은 정보 압축과 귀납 통계 추론, 기계 학습에 관한 수많은 이론적 고찰의 기초가 되고 있다. 최소 메시지 길이 MML(minimal message length)이나 최소 기술 길이 MDL(minimal description length) 등의 원리가 그 예다.

능과 범용 인공지능은 같은 것이 아니다. 전자는 철학적 연구를 기원으로 하고 있지만, 후자는 이론 물리학자들의 연구로부터 탄생했다. 범용 인공지능이 강한 인공지능의 아이디어를 차용하곤 있지만, 강한 인공지능이 본래 철학적 논의만을 근거로 하고 있는 데 반해 범용 인공지능은 꽤 난해한 수학 이론과 정보기술에 근거하고 있다.

이러한 차이에도 불구하고, 오늘날 강한 인공지능과 범용 인공지능의 추진자들은 서로의 주장에 작은 차이가 있기는 하지만, 서로 손을 맞잡고, 특이점의 제창자와도 많은 시점을 공유하며 협력하고 있다. 게다가 거츨, 허터, 슈미트후버를 비롯한 많은 이가 매년 열리는 특이점 정상회담에 참가해 여러 트랜스휴머니즘 단체와 관계를 맺고 있다.

또 하나의 가상, 그노시스

강한 인공지능과 범용 인공지능이 가상인 것과 마찬가지로 그노시스주의 또한 한스 요나스독일의 생태철학자에 의해 가상으로 취급되고 있다. 요나스는 그의 저서 『그노시스의 종교』[8]에서 전술한 슈펭글러를 언급하며 그노시스주의는 유일신교, 특히 기독교와 유대교에서의 가상이라고 말한다. 그노시스주의와 인공지능의 문제가 비슷하다고 하면 의외라고 생각할지 모르겠다. 양자가 속하는 영역은 전혀 다르다. 한쪽은 종교와 그노시스파에 공통되는 정신의 영역, 다른 한쪽은 21세기의 최첨단 과학과 테크놀로지에 의해 개척된 새로운 지평이다. 언뜻 아무런 공통점도 없고, 시대도 동떨어진 것처럼 보인다. 사회적 배경도 다르다. 한쪽은 중동의 고대 세계로, 내세의 존재가 인간 생활의 기반으로 자리 잡고 있고, 경제는 농업과 목축 위주다. 다른 한쪽은 글로벌 정보사회이며, 생활도, 개인에 대한 사회의 영향도, 인간의 희망도 완전히 다르다. 게다가 그노시스파의 지식 및 특이점 학설은 그 사회적 지위도 다르다. 한쪽은 한정된 신자에게 전수된 비밀스러운 교의, 다른 한쪽은 영향력이 큰 단체와 조직의 지원을 받아 강력한 홍보활동을 통해 널리 전파되고 있는 가설로서의 지식이다.

그럼에도 불구하고 지금부터 살펴보듯이 그노시스주의와 유일신교의 관계에서 보이는 특징은 특이점과 현대 과학의 관계를 이해하는 데 있어 도움이 된다. 다만 그 전에 여기서 일부 외국 과학자를 야유할 생각은 전혀 없음을 말해두고 싶다. 그들이 표방하는 정신에 대한 학설과 신비적이고, 난해하며, 여러 종교가 뒤섞인 신앙이라고 하는 그노시스 사상과의 외형상의 유사점을 지적하며 비웃을 생각은 없다. 그 점에서 지금부터 쓰는 내용은 레몽 뤼예가 1974년에 집필한 풍자 에세이 『프린스턴의 그노시스』[9]와는 아무런 공통점도 없다. 뤼예는 이야기의 전개상 필요한 장소로 프린스턴 대학을 선택한 것뿐이다. 그곳의 미국인 철학자나 과학자를 조롱했다기보다는 오히려 1960년대 문화에 열광하는 북아메리카의 캠퍼스에 대해 프랑스의 일부 지식층이 제멋대로 상상하는 이미지를 조소했을 뿐이다. 한편 그노시스주의의 정신성의 몇 가지 측면과 특이점 학설의 현저한 특징이 비슷하다는 지적 자체는 의미 있는 일이라고 생각한다. 그렇게 함으로써 특이점의 본질과 궁극적인 목적을 더 잘 이해할 수 있기 때문이다. 이를 위해 먼저 그노시스주의의 주요 특징을 복습해두자.

그노시스주의는 그리스의 철학 사상과 중동의 유일신교, 주로 기독교와 유대교로부터 지대한 영향을 받았다. 이들은 서로 혼동되는 경우가 있을 정도인데, 한스 요나스가 가상이라고 부른 이유도 그 때문이었다. 아울러 그 외에도 이전부터 존재한 전통적인 신비 사상, 특히 이집트나 바빌로니아의 마술적 신앙이나 마즈다교 혹은 조로아스터교라 불리는 페르시아 종교의 이원론으로부터 영향을 받고 있다. 그렇지만 유일신교나 그리스 철학과는 달리 그노시스는 단일성을 추구하지 않았다. 유일한 신이나 단 하나의 원리밖에 인정하지 않는 것이 아니라 근본적인 이원성의 존재를 주장했다. 한편에는 지고의 존재, 즉 진실의 신이 감추어져 있고, 다른 한편에는 거짓 신, 즉 찬탈자가 조물주(데미우르고스demiourgos)가 되어 진실의 신을 속이고 은밀하게 세계를 창조한 것으로 되어 있다. 그 탓에 이 세상의 모든 잘못과 결함이 생겨났고, 그것이 원인으로 작용해 인간은 다양한 악과 고통에 괴로워하며, 죽음을 맞이해야 할 운명에 처했다고 한다. 우리가 살고 있는 이 세계는 겉모습뿐인 대용품에 불과하며, 그노시스주의자들이 '플레로마

pleroma'라고 찬양하는 완전한 존재에 이르려면 어떻게 해서든 바로잡아야 하는 것이다. 그러기 위해서는 거짓 신이 지배하는 세계에서 도망쳐 권위로부터 자유로워지고, 지배와 결별해야 한다. 이 구원은 환영을 떨쳐버리게 하는 비밀의 지혜를 얻음으로써 가능해진다. 이것이야말로 감춰진 진정한 신의 세계로 들어가기 위한 지식인 것이다. 이는 그노스gnose의 어원이 그리스어로 '지식'을 의미하는 gnosis인 점에서도 분명하다. 진실의 존재가 되기 위해서는 특별한 지식이 반드시 필요하다는 것을 뜻한다. 물질적인 수단을 이용한 시도는 모두 헛수고로 돌아갈 것이다. 왜냐하면 그것은 거짓 신이 만든 가짜 세계에 가담하는 것이기 때문이다.

이 그노시스의 지혜는 그리스의 철학 사상처럼 거듭된 논리적인 사색을 통해 얻어지는 것이 아니다. 혹은 기독교나 유대교의 신학처럼 계시와 신탁 같은 초자연적인 기점에서 출발하여 논리를 통해 도출되는 것도 아니다. 이것은 이야기로부터 태어난다. 따라서 로고스가 아니라 미토스[10]의 세계에 속하는 것, 논리를 전개하는 것이 아니라 이야기하는 것에서부터 태어나는 것이다. 이야기는 어떻게 거짓 신의 결핍된 세계로부터 도망쳐 진실의 신을 초대하면 좋은지를 가르쳐준다. 어떠한 수법이나 의식이나 행위에 의해 거짓 신의 지배를 끝내고, 완성에 이를 수 있을지를 신자에게 제시한다.

그것은 결정적인 이탈, 본래로는 돌아가지 않는 단절, 영원한 결별로서 갑자기 찾아온다고 한다. 일상의 흐름 속에서 갑자기 생긴 특이한 주름이 그 이전을 거짓 신의 시대로, 그 이후를 지고의 신의 시대로 크게 변환시켜버린다. 따라서 그노시스 사상에서의 시간[11]에는 뒤로 되돌아간다는 개념 자체가 없다. 고대인들이 믿던 둥근 고리로서의 시간, 특히 고대 그리스의 영겁 회귀하는 시간과는 닮은 구석이 없다. 아울러 기독교나 유대교 같은 역사상의 종교의 시간과도 다르다. 기독교와 유대교의 시간은 세계 창조의 신화부터 시작해 그리스도가 재림하여 죽은 자들이 부활하는 마지막 심판으로 끝난다. 그 사이에는 물론 다양한 기적의 이야기, 계시, 예언자의 등장과 가르침의 전도로 이루어진 시간이 흐르지만, 전체적으로는 직선의 흐름이다. 그노시스의 시간은 또한 그저 축적되어가기만 하는 현대 우리의 진보하는 시간과도 분명히 다르다. 요컨대 그노시스의 시간은 그것만이 구원의 해체를 가져온다고 하는 균열 주위에서 휘고, 부서지고, 이어지는 시간인 것이다.

그러면 이상의 내용을 토대로 그노시스 사상의 네 가지 특징을 정리해보자. 첫째는 불완전한 세계의 원흉인 거짓 신과 그것에 지배력을 빼앗긴 진정한 신과의 대립, 둘째는 로고스(논리)보다 미토스(이야기)를 중시하는 점, 셋째는 정신과 물질을 완전히 구분하여 생각하는 이원론, 마지막은 마침내 대변동이 일어나 시간의 단절을 거쳐 진정한 신의 세계가 도래한다는 점이다.

그노시스로부터 풀어내다

이들 네 가지 특징은 기술적 특이점을 제창하는 이들의 주장에서도 찾아볼 수 있다. 그렇다고 그것이 고대의 그노시스 사상과 같다는 뜻은 아니다. 그노시스주의와 특이점은 시대와 상황, 내용이 전혀 다르고, 게다가 말할 필요도 없이 양자를 동일시해도 별다른 의미가 없다. 그러나 한편 이 네 가지 특징을 비교·대조함으로써, 거리를 두고 기술적 특이점의 이론을 검토하여 그 의미와 중요성을 이해할 수 있으리라 여겨진다. 이를 위해서는 그노시스 사상과 유일신교의 대비를 특이점과 과학 이론의 대비로 바꿔보면 되는데, 이는 가상이라는 개념에 주목함으로써 용이해진다. 그노시스주의와 유일신교의 관계에서도, 특이점을 주장하는 범용 인공지능 및 강한 인공지능 등의 이론과 과학으로서의 인공지능의 관계에서도 똑같이 가상이라고 하는 현상을 볼 수 있기 때문이다.

구원이 되는 지식

먼저 그노시스주의자와 기술적 특이점 제창자의 첫 번째 유사점은 있는 그대로의 자연을 부정하고, 자연을 바꿔야 하는 대상으로 보고 있다는 점이다. 양자 모두 자연은 불완전하기 때문에 정신이 그 대망을 실현하여 비약을 이룰 수 있도록 바로잡아야 한다고 주장한다. 이러한 주장을 보완하여 부풀리는 것이 바로 숨겨진 지식이 존재한다는 생각이다. 숨겨진 지식이란, 이 경우, 서툰 조물주의 실패작인 자연을 바로잡고 극복할 길을 가르쳐주는, 숨겨진 진화의 법칙이다. 앞서 살펴본 것처럼 레이 커즈와일은 무어의 법칙을 정보기술 외에도 적용시키고 있다. 이것이 물질계에서 시작하여 이어서 생물계, 인간의 문화, 나아가서는 테크놀로지의 자율적 발달까지를 지배하는 좀더 일반적인 원리라고 한다. 자연의 어둠의 힘에 대항하는 이 정신의 위대한 투쟁의 역사 속에서 세계는 여섯 개의 커다란 단계를 거치는데, 단계마다에는 각각 지배적인 상태가 존재한다. 첫째 단계는 입자와 물질의 세계다. 둘째 단계에서는 생명이 탄생했다. 셋째 단계에서는 지성이 있는 동물, 넷째 단계에서는 인류, 다섯째 단계에서는 생명과 테크놀로지의 결합, 그리고 최종 단계에서는 자율적으로 스스로 진보하게 된 테크놀로지라는 형태로 정신이 숭배된다고 한다.

이러한 무어의 법칙의 일반화를 과학적으로 증명하기는 아마도 불가능할 것이다. 왜냐하면 전부 재현 불가능한 사건들이기 때문이다. 하지만 커즈와일은 개의치 않는다. 실제로 그렇게 되어 있으니 증명할 필요가 없다는 것이다. 과거를 되돌아보면 그림을 보듯 분명하지 않은가 하고 반문한다. 물리학이나 생물학, 인류학과 같은 실효성 있는 과학과 다양한 이론 외에 마치 다른 차원의 지식, 즉 우주의 비밀을 폭로하고, 정신을 자연의 족쇄로부터 해방시켜 꽃피우게 하는 지식이 존재하는 것처럼 모든 사물이 나아가고 있는 것이다. 그러한 관점에서 보면 자연과학의 유효성이 미치는 범위는 특이점에 가까워짐에 따라 한계에 이른다는 것을 상상할 수 있다. 그때 세상은 자연 법칙의 지배를 받는 제약으로부터 해방되고, 보통 생물은 테크놀로지와 인간이 하이브리드화한 새로운 생명의 형태에 길을 양보하게 될 것이다. 그리고 새로운 생명은 인간이나 물질, 인간 외의 생물로부터 독립하여 날아오르고, 최종 단계에서는 테크놀로지 자체도 희미해지면서 자취를 감추어 순수한 정신으로 대체되는 것이다.

이렇게 되면 테크놀로지의 힘을 빌려 자연에 도전하고 불완전한 자연의 법칙을 바로잡는다는 진화의 법칙과, 진실의 신이 도래하여 거짓 신의 잘못을 바로잡고 우주의 질서에서 차지하는 본래 지위를 되찾는다고 하는 가르침 간의 유사성을 인정하지 않을 수 없게 된다.

미토스와 로고스의 혼합

이 기술적 특이점과 그노시스 사상의 첫 번째 유사점으로부터 곧바로 두 번째 유사점이 도출된다. 그것은 논의의 진행 방식이 비슷하다는 점이다. 논리를 존중하는 사상은 일반적으로 우화나 전설의 세계에 속하는 미토스와 논리적인 과정을 거쳐 명제를 논증하는 로고스를 대립시키며 논리를 전개해나가는 데 반해 그노시스 사상에서는 그 두 가지를 하나로 묶어 한꺼번에 광대한 우주적 이야기 속에 집어넣어버린다. 그와 마찬가지로 과학에서는 실증적 실험 및 수학적 증명에 의거한 논리적 논의와 소설가나 영화 작가의 상상의 산물을 분명히 구별하고 있지만, 기술적 특이점의 사상가들은 양자를 하나의 큰 이야기 속에 뭉뚱그린다.

결국 커즈와일이 자신의 책[12]에서 열심히 주장하는 진화는 과학이라기보다는 분명 이야기의 범주에 속하는 것이다. 앞서 살펴본 것처럼[13] 무어의 법칙은 관찰에만 의거한 결과이며, 매우 조잡한 것으로 보편성이 결여되어 있기 때문에 이를 자연계 전반의 진화에 적용시키기에는 무리가 있다. 왜냐하면 진보의 리듬을 단계에 따라 비교하는 것은 당연히 지표가 되는 단계의 선택에 좌우되기 때문이다. 커즈와일의 경우에는 그 단계를 완전히 자의적으로 선택하고 있는 듯하다. 심지어 이 진보의 차트를 완성하는 지표에는 이질적인 것이 혼재되어 있어 통일성이 부족해 보인다. 여기서 다시 한번 커즈와일 자신이 선택한 잡다한 지표를 열거해보자. 아울러 앞서 저서에 수록된 다른 도표에서 발췌한 것[14]을 예로 들었는데, 그것과는 약간 차이가 있다.

> 은하의 탄생, 지구상 최초의 생명, 최초의 진핵생물, 최초의 다세포생물, 캄브리아기의 종의 대폭발, 최초의 속씨식물, 소행성의 충돌, 최초의 인간과 동물, 최초의 오랑우탄, 인류와 침팬지의 분기, 최초의 석기, 호모 사피엔스의 등장, 불의 사용, 인류의 DNA형의 분화, 현생 인류의 등장, 구석기 문화와 문자의 원형, 농업의 발명, 불을 피우는 기술, 차륜의 발명과 문자의 출현, 민주주의의 탄생, 제로와 소수의 발명, 르네상스(인쇄기의 발명), 산업혁명(증기 기관의 발명), 현대 물리학의 탄생, DNA 구조의 발견, 트랜지스터의 발명과 핵에너지의 이용.[15]

그런데 다른 기술적 특이점 지지자의 저서를 대략 살펴보면 모두 커즈와일과 별반 차이가 없다. 예를 들어 휴고 드 개리스는 인류를 훨씬 능가하는 인공 지성 '아틸렉트'를 둘러싼 찬성파 '코스미스트cosmists'와 반대파 '테란terrans'의 전쟁을 그리고 있고, 닉 보스트롬은 기계의 슈퍼인텔리전스에 관한 우화를 들고 있다. 사람을 먹고 증식하는 회색 젤리 모양 생명체의 이야기를 쓴 빌 조이 또한 마찬가지다.

그들은 이처럼 논리적이고 엄격한 논증보다는 이야기의 요구에 대응하여 논의를 전개하고 있다. 이외에도 전반적으로 과학과 SF의 논리적·시간적 관계가 뒤바뀐 듯한 상황이 되어버렸다. 지금에 와서는 과학자나 엔지니어도 자신들의 연구 동기를 SF 속에서 찾고 있다. 본래는 그 반대가 일반적인 것으로, 과학의 성과가 소설가나 영화 작가의 상상의 양식이 되었는데 말이다. 기술적 특이점을 소재로 한 이야기는 꽤 이른 시기에, 최초의 컴퓨터가 탄생한 직후에 등장했다. 그것은 컴퓨터의 위력을 과장한 이야기였다. 옛날에는 1960년대의 어빈 존 굿의 저작, 아니, 그 이전의 1950년대에도 수학자 스타니스와프 울람의 작품이 있었다. 아이작 아시모프의 초기 단편도 이 시기에 쓰였다. 이어서 1980년대, 1990년대에 들어서자 버너 빈지가 특이점을 소재로 한 수많은 작품을 썼는데, 이때는 이미 특이점이 오래된 평범한 주제가 되었음을 알 수 있다.[16] 과거 SF에 등장하는 특이점에 관한 이야기는 테크놀로지의 발달을 소재로 한 것이었다. 그러나 오늘날의 상황은 반대가 되어 있다. 과학자, 특히 엔지니어들은 곧잘 SF를 모델로 삼고 있다. 트랜스 휴머니즘을 대표하는 레이 커즈와일, 한스 모라벡, 휴고 드 개리스, 케빈 워릭, 이시구로 히로시*나 빌 조이 등의 발언에 귀를 기울이면 이러한 역전 현상은 더 확실해질 것이다.

그렇게 된 원인의 일단은 로버트 제라시가 저서 『종말의 AI』[17]에서 아주 적절히 지적한 것처럼, 꿈같은 이야기로 사람들을 두근두근 설레게 만드는 프로젝트를 우대하는 듯한 연구비의 지급 방식에 있다. 연구 분야를 민주적으로 선정하려다보면, 자칫 대중에게 설명하기 쉽고, 대중의 상상력을 자극한다는 이유만으로, 그런 유의 연구에 자금을 지급하는 결과에 빠지기 쉽다. 비록 연구 목표가 실현 불가능하거나 무의미하게 생각되더라도 말이다. 그 좋은 예가 '인간 두뇌 프로젝트human brain project'일 것이다. 당초 이 계획은 10억 유로가 넘는(정확히는 11억9000만 유로) 자금 원조를 받아서 시작되었다. 그 대부분을 EU에서 출자했는데, 22개국과 90개 이상의 연구 기관이 참가하여 2024년까지 인간 뇌의 기능을 슈퍼컴퓨터로 시뮬레이션할 예정이었다. 하지만 계획이 시작된 이듬해인 2014년에 유럽위원회 앞으로 보낸 100명 이상의 연구자가 서명한 공개서한[18]이 대중지에 게재되었다. 공개서한은 프로젝트의 운영 문제, 목표의 타당성,[19] 그리고 막대한 비용을 사람들에

* 오사카대학 지능 로봇학 연구소(이시구로 연구소) 소장. 이시구로 교수는 두 개체의 안드로이드에 각각 자기 자신과 딸의 머리카락을 이식하고, 외형을 똑같이 해서 자신들과 빼닮은 복제를 만들어냈다.

게 호소하는 것이었다.

그렇더라도 연구 자금의 확보만을 이유로 과학과 SF 세계와의 혼동을 다 설명할 수는 없다. 잡지든 학회든 절도와 엄격함을 무엇보다 중시하는 과학 출판물은 늘 존재하기 때문이다. 그런데 특이점 추종자의 상당수는 SF 발상의 꿈같은 이야기와 과학 및 테크놀로지의 연구 성과에 의거한 프로젝트의 실현을 혼동하고 있는 듯하다. 이 사실은 그노시스파에서 보이는 신화의 영역과 논리적 사고 영역의 혼동을 떠올리게 한다.

극단적 이원론

기술적 특이점을 지지하는 다양한 주장을 끝까지 따라가면 결국에는 모두 극단적인 이원론에 이른다. 그것은 그노시스 사상의 극단적 이원론과 한 쌍을 이루는 것이다. 양쪽 다 정신이 그 존재를 개화시키려면 물질세계로부터 완전히 멀어져야 한다. 그노시스 사상에서는 그것이 감각세계를 만든 거짓 신과 순수한 존재인 지고의 신의 대립으로부터 스스로 도출된다. 거짓 신의 세계에서 도망치고 싶다면 타락의 근원인 물질로부터 자유로워져야 한다. 타락은 물질과는 떼어낼 수 없는 것이다. 따라서 감각의 세계로부터 벗어나려면 물질과 정신의 완전한 괴리가 불가피하다.

한편 특이점 가설이 그리는 미래상에서는 마침내 기계가 인간의 뇌를 능가하는 능력을 손에 넣어 인간의 의식을 업로드할 수 있게 된다고 한다. 그렇게 되면 이미 세포의 노화라는 피할 수 없는 운명을 받아들이지 않아도 되고, 운 좋게 그 혜택을 누릴 수 있는 사람들은 불사까지는 아니더라도 수명을 대폭 연장할 수 있게 될 것이다. 즉 이것은 인간의 정신이 육체에서 완전히 분리되는 것을 의미한다. 육체로부터 완전히 구별된, 자율적인 존재가 된다. 이보다 더 극단적인 이원론이 또 어디에 있겠는가?

오늘날 주류를 이루고 있는 사고방식에서 보면 이러한 이원론은 조금 놀랍다. 왜냐하면 현대의 과학, 특히 인지과학은 인간의 사고를 비롯해 높은 지능의 기능을 결정하고 있는 것은 기본적인 물질이라는 점을 암묵적으로 전제하고 있기 때문이다. 기술적 특이점을 주장하는 이들도 이러한 현대 과학의 사상을 계승한, 인지과학의 실증주의에 뿌리를 둔 진정한 유물론자들이다. 따라서 물리적 과정과 관련 없는 그 어떤 설명도 받아들이지 않는다. 한편 역설적이기는 하지만, 뇌와의 물질적인 관련성을 전부 끊더라도 이러한 과정은 모두 정보 시스템상에서 완전히 동일하게 재현할 수 있다고 생각하고 있다. 그러므로 정신은 그것을 낳아 키워온 생리학적 기반과 독립하여 컴퓨터상에서 살아나갈 수 있다고 한다. 그 결과 정신은 물질과는 완전히 분리된 다른 존재가 된다. 즉, 기술적 특이점도 현대 과학의 일부인 이상 일원론에서 벗어나지 못한다. 결과적으로 극단적이고 모순된 이원론에 빠질 수밖에 없다는 뜻이다.

시간의 단절

그런데 특이점의 시간 개념에서는 그 한 점을 넘어선 곳에 정신이 해방되는 단절점이 있고, 그것은 두려움과 희망이 집적하는 불연속점으로 나타난다. 본래 특이점이라는 말 자체가 파탄을 불러오는 임계점을 연상시키지 않는가. 그리고 그 순간을 넘어서면, 인간은 기계와 융합하여 변모하고, 일상 시간의 흐름 밖으로 나가 스스로의 운명을 바꿔간다. 그 순간부터 인간은 다른 시간을 손에 넣는다. 더 이상 타락도 없고, 늙음도 없고, 불사에 가까워질 수 있는 새로운 시간이다.

여기서 그노시스 사상에서 말하는 시간과의 유사성을 찾아내지 않을 수 없다. 그노시스의 시간 또한 일상 시간의 흐름으로부터의 이탈과 구원이 되는 단절, 즉 그 단절 뒤에 인간은 거짓 신의 지배에서 벗어나 진실의 신의 세계로 들어가도록 허용된다는 생각에 바탕을 두고 있다. 양쪽 다 시간의 구조는 파괴되고, 그 후에는 적어도 이러한 변화를 이용할 방법을 알고 있는 사람에 대해서는 인간을 지배하는 물질계의 법칙이 바뀌게 된다. 당연한 일이지만 이러한 시간 개념은 종래의 것과는 다르다. 고대 세계의 시간, 고리로서의 시간, 기독교나 유대교의 시간, 혹은 현대 과학의 등질等質의 시간과도 다르다.

특이점을 지지하는 이들 개개인이 과학기술의 진보라는 관념의 계승자이고 권위자라는 점을 고려하면, 그들이 생각하는 시간이 현대 과학의 그것과 다르다는 점은 다소 의외다. 그러므로 다음 장에서는 특이점 가설의 배경이 되는 시간 구조에 대해 더 자세히 알아보고자 한다.

제6장

다가올 미래

인간이 필요 없는 미래 | 전조 vs 계산 | 미래의 변모 | 가능성, 개연성, 신빙성

인간이 필요 없는 미래

'왜 미래는 우리를 필요로 하지 않게 되는가?'[1] 선마이크로시스템Sun-Microsystem의 공동 창업자인 빌 조이는 21세기에 들어서자마자 이 같은 제목의 논문을 발표하여 경종을 울렸다. 이 논문은 상당한 반향을 불러일으켰다. 이전에도 이후에도 조이와 같은 많은 사람, 즉 IT라는 개념을 보급하는 데 공헌하고, 작금의 세계 규모의 정보기술 제국을 이룩한 사람들이 지금에 와서 졸고 있는 우리 의식을 눈뜨게 하기 위해 조종을 울리는 듯한 행동을 하고 있다. 각자의 표현에 조금 차이는 있지만, 반복해서 들리는 말은 한 가지다. 정보기술의 발전이 정점에 달하면, 눈앞의 위험이 입을 크게 벌리며 나타난다는 것이다. 조이의 성명에서 주의를 끄는 것은 미래가 더 이상 우리 인간을 필요로 하지 않게 될지도 모른다고 단언한다는 점이다. 미래에 관한 조이의 이러한 발언은 다른 비슷한 움직임들과 호응하는 것이었다. 예를 들면 한스 모라벡의 저서 『마음의 아이들』[2]이나 미래 예측에 열심인 두 연구소를 들 수 있다. 하나는 2015년 1월에 공개 성명을 발표한 생명의 미래 연구소로, 자신들의 연구 성과에 불안감을 느낀 인공지능 전문가들이 공개 성명에 서명했다. 또 하나는 옥스퍼드 대학의 인류 미래 연구소로, 그 이름만 봐도 인간을 넘어선 존재를 지향하고 있다는 것을 알 수 있다.

'미래는 더 이상 우리를 필요로 하지 않게 될지도 모른다, 아니, 필요로 하지 않게 될 것이다.' 이 주장을 문자 그대로 받아들이면 그 진의와는 상관없이 곤혹감을 느끼지 않을 수 없다. 여기서 말하는 미래란, 어떠한 의미에서의 미래인가? 전통적인 철학에서 특히 독일의 철학자이자 수학자인 라이프니츠[3]는 미래를 필연적 미래와 우연적 미래로 구별했다. 필연적 미래란, 인간이 개입하지 않아도 틀림없이 일어난다. 왜냐하면 그것은 견고한 자연의 법칙에 의해 지배되고 있기 때문이다. 한편 우연적 미래도 틀림없이 일어나지만, '그것은 일어날 수 없는 일로 생각되고 있어도 인간이 개입하면 일어날 수 있는'[4] 미래가 된다.

조이 등이 말하는 '미래'가 필연적 미래라면, 그 주장은 무의미하고 쓸데없는 말의 반복에 불과할 수 있다. 왜냐하면 미래는 우리와는 상관없이 반드시 찾아오고, 물질적인 인과관계라는 침범할 수 없는 법칙에 의해 지배되고 있기 때문이다. 그렇지 않고 우연적 미래를 뜻한다면, 그 주장은 넌지시 이렇게 말하고 있는 것과 같다. 인간의 의지로는 더 이상 아무것도 할 수 없다, 우리는 어떤 개입도 하지 않는다, 인간의 자유는 사라진다, 운명의 신의 손에 놀아날 수밖에 없다. 물론 자유의지에 대한 문제 제기나 물질적 필연성과 전능한 신 사이에서 의지가 움직이지 않게 되는 모순에 관한 논의는 훨씬 전부터 있어왔다.

따라서 그 성명의 놀라운 점은 내용이 아니라, 그러한 성명을 발표한 이들이 엔지니어와 과학자라는 점이다. 왜냐하면 그들은 인간이 자연을 지배하고, 스스로의 운명에 책임을 지는 유일한 존재라는 계몽주의의 이상을 존중할 것이기 때문이다. 그들에 의하면, 인간의 지혜를 뛰어넘는 힘에 의한 보호로부터의 해방과 자연에 대한 합리성의 우위라는, 근대에 시작된 이러한 특징이 머지않아 종말을 맞이할 것이라고 한다. 이 생각 자체는 새로운 게 아니다. 이러한 주장은 다른 분야, 다른 저자들의 그것과 크게 다르지 않다. 다른 분야의 저자들은 트랜스 휴먼이나 특이점이라는 설을 분명히 주장하고 있진 않지만, 결국에는 비슷한 가정에 이른다. 예를 들어 포스트모던 철학에서는 장프랑수아 리오타르의 『포스트모던적 조건: 정보사회에서의 지식의 위상』[5]이라는 저서가 그러한 주장을 펼친 것으로 매우 유명하다. 나아가 최근에는 유럽위원회가 후원하고 출자하는 온라이프Onlife라는 연구 그룹이 위원회의 공식 사이트를 통해 성명서를 발표하며 유사한 주장을 펼치고 있다.[6] 그에 따르면 근대 이후의 특징은 자연의 신비를 해명하려는 시도에 있었는데, 그것이 오늘날 종말은 아니라 해도 적어도 분기점에 가까워지고 있다는 것이다. 성명서 일부를 인용해보자. '……정보화 시대의 이점 및 단점에 의해 근대라는 시대의 몇 가지 전제가 위험에 처해 있다.'[7] 근대성이 종말을 맞이한다는 이러한 주장은 진부함에도 불구하고 지지층을 넓히려 애쓰고 있다. 그러나 이 문제는 여기서는 다루지 않기로 한다.

이상한 점은 앞서 설명한 것 외에도 두 가지가 더 있다. 하나는 그들로서는 이의를 제기하는 것 자체에 의미가 있는 것처럼 보인다는 점이다. 하지만 앞으로 어떤 일이 일어나든 운명은 이미 정해져 있고, 미래는 더 이상 우리 것이 아니라고 한다면 의견을 표명해봤자 무슨 의미가 있을까? 상황을 수용하는 선언이든, 어서 행동하라고 넌지시 촉구하는 것이든 모든 주장과 고발이 자신들이 말하는 빠르게 포기한 운명론적 상황에 반하고 있지 않은가? 현재 진행되는 사실에 대한 저항을 공공연하게 성실한(적어도 그렇게 보인다) 태도로 표명하고, 나아가 그 가운데 넌지시 행동을 재촉하는 것이라면 이는 머잖아 다가올 것으로 예고하고 있는 진화가 피할 수 없는 성질의 것이 아니라는 뜻이지 않은가.

두 번째로 이상한 점은 이 설을 주장하는 개개인의 경력이다. 그들의 명성은 자신들의 지혜나 사색에 의해서가 아니라 활동가로서, 기업가로서, 혹은 엔지니어로서 얻은 것이며, 그 모든 것을 동시에 이뤄온 사람도 있다. 그러므로 인간이나 사물을 움직여 프로젝트를 추진하고, 자신들의 의지를 실현하는 데 성공한 이 사람들이 모든 의지력은 무용지물이고, 자유는 끝났다고 선언하는 것은 적어도 이상하다고 생각하지 않을 수 없다.

따라서 이 장에서는 이러한 의문을 토대로 더 심도 있게 분석하여 이러한 미래에 대한 예언의 의미와 사회적인 자리매김을 분명히 하려 한다. 그에 앞서 향후 반드시 다가온다고 하는 그 미래와 선인들이 예측한 미래를 비교하려는 의도로, 독일인 역사가 라인하르트 코젤레크가 『지나간 미래』[8]에서 말한 것처럼 미래에는 과거가 있으며, 또한 미래는 많은 상상을 불러일으킨다는 점을 지적해둔다. 역사가 발전하면서 예언의 방식은 진화하여 서서히 숫자나 과학적 수법이 이용되기에 이르렀다. 변화는 지금도 계속되고 있는데, 현재는 빅 데이터라 불리는 대량의 정보가 이용되고 있으므로, 이에 대해서도 언급해두겠다. 그리고 다음 장에서는 미래 예상도 자체가 시간과 함께 변화했다는 점, 줄곧 '미래'라는 용어에 얽매인 채 지금도 계속 변화하고 있다는 점, 그리고 그러한 사실이 다가올 미래에 새로운 표정을 부여하는 한편, 어디선가 본 듯한 기시감도 불러일으키고 있다는 점에 대해 논하기로 하자.

전조 vs 계산

예언의 역사

고대 세계에서는 미래를 예측하기 위해 모든 종류의 전조를 이용해 점을 쳤다. 밤에는 별자리를 관찰하고, 새의 움직임에 주의를 기울였으며, 속죄의 희생제물이 된 동물의 내장을 조사했고, 무당과 그 밖의 예언자들의 말을 주의 깊게 해석했다. 꿈도 모든 점의 대상이 되었다. 전조에 의거한 점과 새점鳥占 등 점의 가짓수가 많아지면 각각의 결과가 상반되기도 했지만, 그럴 때는 엄밀한 관찰을 통해 더 많이 일치하는 결과를 택하거나 혹은 트랜스trance 상태나 혼돈된 무아無我 상태에 있는 점쟁이의 눈으로 예지된 광경을 택하기도 했다. 어떤 경우든 그 안에 존재하는 것은 확실성이 아닌 신앙에 가까운 것으로, 이는 선인으로부터 계승된 전통적인 지식에 대한 신뢰이며, 또한 막연한 미래의 전조를 자연 속에서 찾아낸다는 신념이기도 했다.

유대교, 기독교, 이슬람교와 같은 아브라함 종교의 시대에는 점성가나 새 점술사, 동물 내장 점쟁이 등 영감을 받은 예언자들이 전조를 해석해서 예언하는 데 그치지 않고, 신의 의지를 계시하며 미래를 예고하게 되었다. 예언자들은 탁월한 영감으로 인도된 사람, 거룩한 말이나 천국의 문을 여는 계시를 가져오는 자로서 행동했다. 시대가 흘러 중세에 접어들자 사람들의 머릿속에는 계시록이 뿌리 깊게 내려앉아 그리스도의 재림과 이 세상의 종말을 예고하는 전조가 나타나지 않는지 주의 깊게 관찰했다.

결국 고대부터 중세의 마지막까지 수 세기에 걸친 미래 예측이라는 것은, 키케로가 『예언에 대하여』라는 논설에서 말한바 하나는 다양한 사건 사이의 관계성을 제대로 밝혀내 상관관계를 찾아내는 것이고(키케로는 이를 과학이라 부른다), 다른 하나는 특별한 예지 능력을 지녔다고 하는 소수의 사람이 소리 높여 신탁을 말하는 것이었다. 그는 다음과 같이 말한다.

나는 예언에는 과학적인 측면이 있는 것과 과학과는 무관한 것, 두 종류가 있다는 사람들의 의견에 찬성한다. 과거의 관찰 결과를 토대로 앞으로 일어날 일을 예측하는 경우에는 과학적인 과정을 따르고 있다고 할 수 있다. 한편 그와는 반대로 전혀 과학적이 아닌 사람들은 아무런 수법 없이, 제대로 관찰하고 기록한 전조를 검토하는 일도 없이 정신적인 흥분 상태에 있을 때나 감정이 충동적이고 제어 불능이 된 때에 미래를 예언하고 있는 것이다. 이는 꿈을 꾸는 사람에게 자주 일어나는 일이며, 또한 착란 상태에서 예언하는 사람에게도 가끔 일어나는 일이다. 예를 들면 보이오티아고대 그리스의 도시국가의 바키스, 크레타 섬의 에피메니데스, 에리트라이의 시빌레 등이 그렇다.[9]

근대에 들어서는 예언에 대한 절대적인 신뢰가 자취를 감추고, 서서히 계산을 통해 미래를 예측하게 되었다. 그렇기는 해도 미래가 예측대로 진행될 거라며 한가로이 있었던 것은 아니다. 재난에 대비하기 위해 모든 가능성을 염두에 두고 합리적으로 연구했다. 마키아벨리는 『군주론』에서 군주에게 미래에 대한 이 같은 새로운 견해를 제안하고 있다. 즉, 길조를 찾는 데 그치지 말고, 예측되는 사태 전체를 겁내지 말며 대담하게 검토하도록 진언한 것이다.

그 후 선택에 따라 일어날 수 있는 결과를 모두 합리적으로 검토해나가는 사고방식은 인간의 활동 전반으로 확산되었다. 그렇다고 해서 근대 이후의 사람들에게 있어 미래가 확정적이었다는 의미는 아니다. 그와는 반대로 오히려 합리적인 예측 수단이 있었기에 운명이라며 포기하거나 제멋대로인 운명의 전조에 굴복하지 않고 자유롭게 도전하여 스스로의 의지에 따라 행동할 수 있게 된 것이다.

과학과 예언

시대와 함께 계산을 통한 미래 예측에 대해 사람들의 요구는 더욱 강해졌다. 그리고 17세기 이후, 확률의 계산이라는 새로운 기법이 도입되었다. 나아가 게임 이론, 모델화, 정보 시뮬레이션으로 이어져 오늘날에는 빅 데이터라 불리는 방대한 정보를 처리하는 기법이 도입되고 있다. 그러나 놀랍게도 그렇게 수많은 기법을 이용하고 있는데도 불구하고, 이전에 비해 미래 예측이 더 가능해졌는가 하면 자연과학 분야에서조차 그렇다고 말할 수는 없다. 예측이 어려운 것은 여러 요인이 뒤얽혀 있기 때문이지만, 가장 큰 이유는 우리가 예측하려는 자연 현상이나 사회 현상이 복잡하기 때문이다.

보통 분별력이 있는 사람이라면, 널리 인정되는 물리학이나 생물학과 같은 과학 원리 혹은 수학의 정리 등을 이용한 미래 예측을 의심하지 않을 것이다. 유효하다고 인정되는 학문 분야에서 확고히 성립된 이론이라면 그것을 이용한 미래 예측은 절대적으로 확실하다고 생각된다. 그러나 실제로는 대개의 경우, 상황이 매우 복잡한 까닭에 인과관계를 확실히 제시할 수 있는 과학적 이론을 전개하기가 어렵다. 기상학이나 기후과학, 정치, 경제 등이 그 예로, 현상이 복잡해서 물리 법칙이나 수학 원리를 토대로 체계적으로 처리할 수 없다. 이에 따라 등장한 것이 단순화라는 기법, 즉 모델이라 불리는 것으로, 이는 조사 기법에서 이용되고 있다. 아울러 '모델model'이라는 말은 인도·유럽어족의 'méd'(한가운데, 중간이라는 뜻)라는 어근語根을 바탕으로 한 단어로, 여기서 라틴어의 metiri(측정한다), modus(사물에 부과된 방식), modo(제한 속에 머문다), modestus(절도 있는 사람) 등의 단어가 파생했다. 어원에 충실하다고 할까, 여기서 말하는 모델도 과학자와 그 연구 대상을 잇는 소박한 중개 역으로서 연구에 공헌하고 있는 것이다.

모델은 그 역할을 충실히 다하도록 때로는 물리적인 조건이 단순화되고, 때로는 기능에 따라 분류된다. 기능상의 분류는 수치에 따라 확실히 특징지어지는 유사성에 의거하여, 나아가서는 순수하게 통계학상의 방식에 의거하여 상관관계를 바탕으로 이루어진다. 어쨌든 이 과정에서 필요한 것은 그 내용이 경험적으로나 이론적으로 옳음을 인정하는 것이다. 예를 들어 기후과학에서는 무엇을 명확히 밝히고 싶은가 하는 목적에 따라 현상을 다양한 방법으로 도식화·단순화한다. 인구 증가가 적으면 자원의 소비가 적고, 인구 증가가 크면 자원의 소비가 크다는 정반대의 관계를 조사하려는 경우, 또는 지구 온난화로 인해 발생하는 다양한 현상을 극지방 빙하 융해와 해수면 상승, 강수량의 변화, 인구 이동, 해수에 의한 탄산가스의 흡수, 해류의 변화 등 그 중요도에 따라 분류하려는 경우 등이다. 이를 위해서는 시뮬레이션을 반복하여 모든 결과를 동시에 비교·대조하거나 관찰·고찰할 필요가 있다. 그 후에 일단 옳다고 인정되면 도식화·단순화를 통해 획득한 중요 사항은 미래 예측에 도움이 되고, 나아가 각각이 서로 관계하여 다양한 예측을 낳기도 한다.

예언의 한계

그러나 어떤 모델이든 관찰의 수만 늘린다고 해서 그 모델이 확고해지는 것은 아니다. 우리는 빅 데이터의 통계에 크게 의존하고 있지만, 이것으로 사물의 인과관계를 알 수 있는 것은 아니다. 인과관계와 관련해서 매우 놀라운 데이터를 게재하고 있는 웹사이트[10]가 있는데, 그 안의 인과관계는 언뜻 보면 전혀 납득하기 어렵다. 예를 들면 연구 결과, 자외선 차단 크림의 사용과 피부암의 발생 확률 사이에 상관관계에 있다는 사실을 알게 되었다고 한다. 하지만 그렇다고 당장 자외선 차단 크림의 사용이 피부암을 일으킨다고 결론 내리는 것은(그 가능성을 배제할 수는 없다 해도) 경솔한 일이다. 왜냐하면 분명 반대의 인과관계가 존재할 것이기 때문이다. 즉, 자외선 차단 크림을 사용하는 사람은 그렇지 않은 사람보다 태양 아래에서 빛에 노출되는 일이 많고, 그것이 때로는 암 발생으로 이어지고 있는 것이다. 혹은 2007년 미국 오하이오 주립대학의 연구 보고에 의하면, 1만5000명의 청소년을 대상으로 조사했는데 첫 성 경험을 하는 나이가 청소년 비행에 영향을 미친다고 한다.[11] 이 결론은 '전면적 금욕'을 지지하는 보수층으로부터 환영을 받았다. 분명 첫 성 경험을 하는 나이와 비행 간에는 상관관계가 있다. 그러나 그로부터 수개월 후, 동일한 데이터를 토대로 이번에는 샬러츠빌에 있는 버지니아 대학이 연구 결과를 발표했다. 그에 따르면 청소년 비행에는 사회경제적인 요인도 영향을 미치며, 이는 첫 성 경험을 하는 나이 및 비행, 쌍방과 상관관계가 있다고 한다. 게다가 청소년 비행에 결정적인 영향을 미치는 것은 첫 성 경험의 나이가 아니라 사회경제적 요인 쪽이었다. 이러한 예가 의미하는 바는 통계적으로 상관관계가 있다고 해서 전부 인과관계가 있다고 할 순 없다는 점, 나아가 상관관계에 대해 완전히 반대의 해석을 할 수도 있다는 점이다. 따라서 인과관계를 이끌어내려면 관련된 모든 요인의 조합을 고려하고, 요인 간에 서로 영향을 미치는 상호작용을 조사해야 한다.[12] 한 요인의 수치가 오르면 상호작용도 커진다. 더구나 통계 데이터의 양이 방대해지면 상호작용은 상상할 수 없을 정도로 큰 것이 된다.

결국 빅 데이터의 취급과 관련해서는 키케로가 예언의 방법에 대해 말한 것과 거의 같은 말을 할 수 있다. '예언은 추측에 바탕을 둔 것이므로, 그 논리를 계속 전개해나갈 수 없다. 때로는 추측이 틀릴 때도 있다. 그럼에도 불구하고 대개의 경우, 추측은 우리를 올바른 방향으로 이끌어간다.'[13]

획일성의 원리

이러한 문제와 더불어 모델을 이용한 예측의 영향력은 시간이 균질하다는 암묵의 가정과 관계있다. 만약 모델을 규정하는 법칙이 이후 유지되지 않는다면, 그 모델은 미래 예측에 도움이 되지 않는다. 이는 존 스튜어트 밀[14]이 귀납법의 근거를 찾는 과정에서 전제로 한 '자연의 추이에서의 획일성의 원리'와 유사하다. 다만 여기서 획일성은 자연에만 머물지 않고, 일반적인 상황 전반에 적용하면 '상황의 추이에서의 획일성의 원리'라고 명명하는 편이 나을지도 모른다.

그런데 인간의 활동이나 문화와 관련된 대부분의 분야에서는 시간의 흐름이 저마다 다르기 때문에 예측의 영향력은 한정적이다. 예를 들면 아리엘 콜로노모스가 『신탁의 정치』[15]에서 탁월하게 표현하고 있듯이 정치와 경제, 역사, 사회과학 분야에서는 획일성의 원리가 반드시 들어맞지는 않는데, 여기에는 적어도 두 가지 이유가 있다. 하나는 사회적인 분야에서는 인간과 인간의 상호 관계가 완전히 같은 형태로 반복된다는 보장이 없기 때문이고, 다른 하나는 인간은 예측을 알고 행동을 바꾸기도 하므로 그에 따라 미래 역시 영향을 받기 때문이다. 무엇보다 미래가 영향을 받지 않는다면 예측은 아무런 도움이 되지 않는다고 할 수 있다. 어쨌든 최근에도 수많은 미래 예측이 시도되고, 미래도 과거와 같은 법칙에 따라 움직인다고 여겨지는 상황에는 변화가 없다. 여기서 그 예를 살펴보자.

1970년대에서 1980년대에 권위 있는 싱크탱크의 연구원으로, 구소련의 든든한 후원을 받고 있던 이들의 상당수는 소련이 붕괴될 조짐이 있었음에도 불구하고 이를 인정하려 하지 않았다.[16] 마찬가지로 1980년대부터 1990년대에 베를린 장벽의 붕괴와 라틴 아메리카 각국의 민주화를 목격하면서 중동의 많은 분석가가 생각한 것은 아랍·이슬람권 국가들의 시민사회도 똑같이 민주적 체제를 요구하고, 꽤 빠른 시간 안에 이런 국가들 모두 서구와 같은 국가를 건설할 것이 틀림없다는 점이었다.[17] 그들은 당초 공산주의의 확대를 경계하는 데 사용된 도미노 이론을 이번에는 민주화 확산에 적용시켜 도미노가 차례로 쓰러지듯이 연쇄 반응으로 민주주의가 확대되어나갈 게 틀림없다고 낙천적으로 생각했던 것이다. 제2차 이라크 전쟁을 정당화하기 위해 이 이론이 이용되지 않았다면 이 역시 우스갯소리로 끝났을 것이다.

물론 경제 분야에서도 비슷한 예측이 시도되고 있지만, 이 또한 근거는 별로 없다. 주식 투자에서는 수학을 이용한 예측 모델을 이용하고 있지만, 주가 폭락이나 거듭된 공황으로 예측의 정당성은 정기적으로 계속 부인되고 있다. 마찬가지로 선진 기술의 시장 예측을 과거로 거슬러 올라가 조사해보면, 정보와 디지털 분야, 이를테면 인공지능이나 가상현실, 혹은 바이오테크놀로지 분야에서도 모든 예측은 여러 번에 걸쳐 오류를 발생시켰다는 사실을 알 수 있다. 이는 과도한 기대 때문이거나 혹은 그와 반대로 실망에서 오는 과도한 비관주의 탓이기도 했다.

미래의 변모

그래도 현재의 몇 가지 과학적 접근법은 미래를 예견하여 대비하기 위한 매우 효과적인 수단을 인간에게 제공하고 있다. 다만 그것을 활용하려면 엄격한 조건이 필요하기 때문에 이용이 크게 제한되거나 엄격함이 요구된다. 그래서 정치와 경제 등 사회과학 분야나 기후 혹은 그에 따른 변화와 같은 복잡한 현상을 다루는 자연과학 분야에서는 예측의 영향력이 한정되어 있다. 왜냐하면 모델이 유효하다고 인정받으려면 우선 다른 모델과 비교·대조해야 하는데, 이를 위해서는 모델로부터 도출된 예측들을 비교하여 그들이 일치하는지를 확인할 필요가 있기 때문이다. 그런데 특이점 추종자들은 자신들의 가설로부터 이끌어낸 시나리오를 다른 미래 시나리오와 제대로 비교하지 않았다.

게다가 모델이 유효하다고 인정받으려면 어느 한 모델로부터 도출된 결론이 해당 모델을 규정하는 원리에 반하지 않음을 확인해야 한다. 그 원리란, 모델을 만들어내는 기초가 되는 단순화하기 위한 가설과 모델을 지배하는 법칙을 말한다. 그런데 특이점 이론을 이 관점에서 살펴보면 이론의 기초가 되는 주장의 많은 부분은 의심하지 않을 수 없다.

지금까지 살펴보았듯이 컴퓨터의 성능 향상이 지수함수적인 속도로 계속되리라는 무어의 법칙은, 과학기술이 진보하기 위한 조건은 지금과 같은 상태로 변하지 않다는 암묵적인 획일성의 원리에 근거하고 있다.[18] 그러나 컴퓨터의 소형화가 진행됨에 따라 소형화의 기초가 되는 물리 원칙도 변화한다. 왜냐하면 공간적인 스케일이 바뀌면 소재의 성질도 영향을 받기 때문이다. 현시점에서 프로세서를 만들기 위해 사용되는 실리콘 가공 기술에 이미 한계가 나타나고 있다. 그래핀과 같은 신소재가 실리콘의 뒤를 이으리라 기대하는 사람도 있는 반면, 양자 계산과 같은 지금까지와는 다른 개념을 토대로 정보처리를 실행해야 한다고 여기는 사람도 있다. 하지만 현재로서는 비록 다른 방식에 의존한다 하더라도 처리·가공 기술이 여태까지와 같은 속도로 진보하리라고 확언할 수 있는 사람은 없다. 따라서 무어의 법칙을 보편적인 진화의 법칙으로 인정할 만한 근거는 없는 것이다. 게다가 앞서 언급했듯이 경험론적인 요인에서도 그것이 틀렸다는 사실은 증명되고 있다.[19] 그리고 일반적으로 관찰을 통해 얻어진 법칙은 정확한 과학적 근거가 없으면 일정 기간 올바른 것으로 확인되었어도 영원히 계속되지는 않는다. 그런 의미에서 테크놀로지의 진보에서 시간은 균질하지 않다.

이와는 대조적으로 미래는 더 이상 인간을 필요로 하지 않게 될지 모른다고 하는 예언은, 시간이 근원적으로 균질하지 않다는 가정에서 출발한다. 그러나 이 가정 또한 근거가 빈약하다. 이와는 반대로 물질적 조건은 앞으로도 지금과 같을 것이라고 가정해버리면 과학기술이 갑자기 자율적으로 성장하기 시작하고, 자발적으로 증식해나간다고 말할 이유를 지금으로서는 찾아볼 수 없다. 적어도 이 장의 서두에서 언급한 빌 조이의 논문에서는 엄정한 과학적 조사나 반대 의견에 대한 논의를 언급하고 있지 않다. 조이뿐만 아니라 레이 커즈와일의 특이점에 관한 저서에서도, 기계의 '슈퍼인텔리전스'에 관한 닉 보스트롬의 저서에서도 그러한 내용은 언급되어 있지 않다. 시간의 흐름 자체가 변할지도 모른다거나 그에 따라 자연에 대한 인간의 영향력이 바뀔지도 모른다고 생각할 때, 그것은 곧 수학에서 말하는 변곡점의 존재를 인정하게 되는 것이다. 그 변곡점을 기점으로 하여 이 대전환이 일어난다는 것인데, 이는 과학적 방법으로 증명하거나 혹은 부정할 수 없다. 왜냐하면 과학은 시간의 획일성에 근거하고 있기 때문이다. 보충해서 설명하자면, 시간에는 각각 전혀 다른 몇 가지 개념이 존재한다. 물리적인 시간(그 속에서 다양한 현상이 일어난다), 내면적인 시간(그 속에서 인간이 사고한다), 역사적인 시간 등이다. 물론 물리적 시간이 자신의 생각대로 제어되거나 파란만장해지거나 혹은 돌연 빨라지거나 늦어질 것이라고 상상할 수는 없다. 우리는 그것을 어떻게 이해하면 좋을지조차 모른다. 그런데도 여러 사람이 함께 있을 때, 자기 자신의 내면적인 시간이 외부 세계에 비해 빠르거나 늦는 것처럼 느껴질 때가 있을 것이다. 다른 사람들이 느끼는 것보다 모든 것이 갑자기 빨라지거나 혹은 갑자기 느려질지도 모른다. 하지만 그것을 어떻게 증명하고, 어떻게 예견하면 좋을까? 이것은 문자 그대로의 의미에서 과학의 연구 대상이 될 수 없다. 왜냐하면 과학이라는 것은 대상에 관한 합리적인 증거를 제시하고 증명할 필요가 있기 때문이다. 마찬가지로 커즈와일이나 보스트롬 등이 주장하는 생각, 즉 테크놀로지가 발전해 그 시간이 갑자기 인간의 내면적 시간과 분리되고, 인간의 정신은 정체불명의 상태가 되어버린다는 생각도 과학의 연구 대상이 될 수 없는 것이다.

여기서 역사 속에서 변화했고 인간은 시간의 미래에 의해 형성된다는 것으로 표현되는(이에 관해서는 예술작품들이 증명하고 있다) 체계적인 연구로 접근하는 미래의 과거가 존재한다면, 미래의 미래, 좀더 정확히 말해 미래를 부정하는 것은 예상 계산과 모든 합리적 연구를 벗어나는 것이라는 결과가 도출된다. 이런 점에서 보면 미래의 운명을 부인한다는 것은 과학의 영역이 아니라 영적인 계시, 예언 혹은 점술의 영역에 속하는 것이다.

게다가 특이점에 관한 주장에는 흥미로운 모순점이 하나 존재한다. 이 주장은 무어의 법칙을 추구한다는 것을 전제로 하며, 이 법칙을 일반화하여 보편적인 진화의 법칙으로 인정하고 있다. 다시 말해 확실하게 숨겨져 있지만 절대적인 결정론의 원리에 의해 전개되는 자연의 역사에는 연속성이 있다고 가정하는 것이다. 그런데도 한편에서는 시간의 흐름이 갑자기 변화하고, 철저히 비연속성을 따른다고 주장하는 것이다. 이는 역사가 연속한다는 바로 앞서의 생각과는 상반된다.

가능성, 개연성, 신빙성

최근에는 우리를 혼란스럽게 만드는 과학적인 표현이 아주 많은데, 미래에 대해 다른 접근법을 취하는 세 가지 개념이 자주 혼동되고 있다. 즉, 가능성possibilité, 개연성probabilité, 신빙성plausibilité, 이 세 가지가 명확히 구별되지 않아 혼란을 불러일으킨다. 지금부터 그 차이점을 분명히 설명하려는데, 그 전에 먼저 수학의 확률(probabilité에는 '확률'이라는 의미도 있다)에 대해 간단히 언급하기로 한다. 확률론은 17세기에 블레즈 파스칼과 피에르 페르마의 연구에 의해 발전했다. 이후 19세기에는 에밀 보렐의 측도 이론에 의해, 나아가 20세기에는 안드레이 콜모고로프의 공리적 확률론에 의해 더욱 정치화精緻化되었다. 그리고 여기서 등장하는 것이 개연성probabilité이다. 이것은 '증거preuve'라는 단어를 연상시킨다. 실제 어원도 그와 같아서 'probable'(probabilité의 형용사형. 의미는 '있을 듯한' '공산이 크다')은 '증명하다'라는 의미의 라틴어 'probare'에서 비롯되었다. 따라서 개연성이란, 절대로 확실한 것은 아니지만 진실이라고 인정되는 부분이 존재하므로 어떤 일이 일어날 전망이 꽤 높다는 의미다.

그 점에서 가능성possibilité과는 다르다. 가능성은 단순히 어떤 일이 일어날 수 있다는 뜻으로, 아무것도 그 실현을 방해하지 않지만, 그 실현을 보증하는 것 또한 전혀 없다. 마지막으로 신빙성plausibilité이라는 말은 'applaudir'(박수갈채를 보내다)와 어근이 같다. 'plausible'(plausibilité의 형용사형. 의미는 '그럴듯하다')한 사건의 당초 의미는 많은 사람이 박수갈채를 보내는 사건이라는 뜻이었다. 즉, 그것은 일반적으로 널리 받아들여지고, 많은 사람이 일어날 것으로 생각하는 일이다. 하지만 실제로는 가능성과 개연성 모두 보증되지 않는다. 물론 현재는 이 단어의 의미도 조금 변화해 당초의 어원에서 멀어져 사실에 가까움을 뜻하고 있다. 바꿔 말하면, 외관이 직감과 일치한다는 의미다. 이 점은 개연성과도, 가능성과도 다른 점이다.

그러면 기술적 특이점에 관한 이야기로 다시 돌아가보자. 다양한 형태로 나타나는 트랜스휴먼이나 포스트휴먼, 혹은 테크놀로지의 진보에서 등장하는 새로운 세계라는 개념을 plausible하게(어원 그대로의 의미, 박수갈채를 받도록) 하고자 특이점 추종자들은 커다란 노력을 기울이고 있다. 그 결과 많은 이에게 받아들여져 성공을 거두고 있는 것을 보면, 박수갈채를 받으려는 목적은 달성된 것 같다. 이를 위해 그들은 성공한 소설과 영화의 드라마틱한 이야기를 차용했지만, 그런 시나리오는 실제로 일어날 수 없다는 점을 분명히 하고 있지 않다. 따라서 시나리오의 상당수는 실현 가능성(바로 앞서 지적한 의미에서)이 있는 것처럼 보인다. 그러나 실제로는 여러 시나리오를 비교해본 적이 없고, 그 가운데 하나의 시나리오, 예를 들어 특이점이 일어난다는 시나리오의 개연성이 다른 미래 예측보다 높다는 점을 나타내기 위해 제대로 연구한 적도 없다. 그러므로 어떤 시나리오든 정말로 실현 가능하다고 인정받지 못하는 것이다. 알기 쉽도록 기술적 특이점이나 트랜스휴먼에 관한 서적 및 지구 온난화의 영향에 관한 기후과학 분야의 과학적 조사를 비교해보자. 양쪽 다 미래 예측을 시도하고 있다. 그러나 쌍방을 비교할 수 있는 것은 여기까지다. 왜냐하면 기후과학은 상이한 과학적 가정을 토대로 다양한 모델을 시뮬레이션하고 있기 때문이다. 그리고 과거 사례를 조사하며, 관리된 조건하에서 실시한 관찰 데이터를 이용하여 모델의 유효성을 판단한다. 나아가 모델로부터 도출된 예측을 비교·검토한다. 그 후에 연구 결과를 공표하고, 공개적인 논의를 거듭한다. 현재 지구 온난화에 관한 모든 시나리오는 모델에 따라 그 진행 속도와 영향이 다르지만, 온난화가 일어난다고 하는 점에서는 결론이 일치하고 있다. 그러나 기술적 특이점에 관해서는 사정이 다르다. 이 시나리오를 다른 시나리오와 비교·평가하는 시도가 이루어지지 않고 있는 것이다.

아울러 과거로 거슬러 올라간 조사를 통해 밝혀진 사실은 과거에 실시된 정보과학 기술에 관한 미래 예측 연구는 모두 매우 허술했다는 사실이다.[20 21] 결국 특이점은 절대로 일어나지 않는다고 할 순 없지만 정말로 일어날 것 같지 않으며, 실현 가능성이 그리 높은 일도 아니다.

제7장

특이점과 종말론

시간의 토폴로지 | 미래의 가지 | 파국이라는 전환점 | 비극의 귀환

시간의 토폴로지

기술적 특이점이란, 시간의 단절을 말한다. 이 단절을 넘어서버리면 인간은 더 이상 미래를 지배하지 못하고, 인간을 대신하여 미래를 지배하는 것은 새로운 종족, 즉 순수한 기계나 기계와 인간의 융합체다. 그렇다면 특이점을 맞이한 후, 시간은 어떻게 흘러갈까? 물론 시간의 흐름은 지금까지의 그것과는 조금 다를 것이다. 특이점 이후에도 시간은 멈추지 않고, 경우에 따라서는 우리와 함께 계속 흘러가리라. 그러나 시간의 성질은 일변한다. 인간은 동물처럼 수동적인 입장에 내몰리고, 자신의 운명에 대한 지배력을 잃는다. 바야흐로 시간은 인간의 행복이나 안락만을 위해 흐르지 않게 된다. 또한 그렇게 되면 자유도 사라질 것이다. 여기서 주목하고 싶은 것은 특이점이라는 용어가 등장한 지금 과학기술의 이상이 이전과는 달라졌다는 점이다. 18세기에 전성기를 맞이한 계몽주의에서는 과학기술이란 인간에게 있어 자연을 지배하고, 스스로의 운명을 제어하기 위한 것이었다. 그런데 특이점 추종자들에 따르면, 과학기술이 극한까지 진보한 현재 그것은 인간에게 결정적인 변화를 초래하고, 그 변화 뒤에 인간은 자신의 미래에 대한 영향력을 잃는다고 한다.

물론 좀더 낙관적으로 보는 사람들도 있다. 예를 들어 인공지능 연구자인 엘리저 유드카우스키[1]는 다음과 같이 생각한다. 인류가 할 수 있는 유일한 일은 기계가 인간과 공존하고, 기계가 인간을 지켜준다는, 좀더 '온화한' 시나리오를 그리는 미래로 방향을 전환하는 것이다. 이를 위해 도출된 것이 '우호적인' 인공지능 friendly AI이다. 우호적인 인공지능은 우리 요구에 답해주고, 인류에게 어떠한 적대심도 갖고 있지 않다. 하지만 이것이 실현된다 하더라도 미래가 비극적이고, 운명으로부터 피할 수 없다는 점에는 변화가 없다. 이는 마치 그리스 비극과 같다. 우리는 스스로의 운명을 바꿀 수 없고, 자기 미래를 스스로 결정할 수 없게 되어버린다.

이처럼 시간의 흐름 속의 전환점을 생각하면 많은 문제가 표출된다. 인간이란 무엇인가, 정신이란 무엇인가, 죽음이나 미래란 무엇인가. 하지만 지금은 우리가 시간의 흐름을 개인적으로 어떻게 느끼고 있는지, 차례로 다가오는 체험을 머릿속에서 어떻게 의식하고 있는지 등의 문제는 일단 잊기로 하자. 그리고 역사적 사건의 시작과 끝, 단절만 다루기로 한다. 기술적 특이점은 시간을 과거에도 본 적이 있는 듯한 어떤 독특한 형태로 인식하고 있는 게 분명하다. 그렇다면 과거에 등장했던 시간에 관한 다양한 인식과 비교하여 그 유사점과 차이점을 살펴야 하지 않을까? 이를 위해 여기서는 우선 시간을 형태로 취급하여 시간의 테두리, 한계, 단절, 경계선에 주목하고자 한다. 다시 말해 시간을 토폴로지topology로 인식하는 것이다. 토폴로지란 수학의 한 분야로서, 확대 혹은 수축을 통한 지속적인 변형 효과에도 변하지 않는 특성을 연구하는 것이다. 즉, 늘이거나 줄이거나 형태를 구부리거나 비틀어도 그 형태를 절단하지 않는 한 변화한 것이 아니라는 성질을 시간에 대입한 것이다. 특이점 가설에서의 시간에서도 중요한 것은 절단과 윤곽과 마지막 지점뿐이기 때문이다.

둥근 고리로서의 시간: 영원 회귀

계절의 순환이나 인간 세대의 반복, 행성의 궤도, 천체의 규칙적인 운행. 이들을 보고 전통사회의 사람들은 시간을 둥근 고리로 이해했다. 둥근 고리로서의 시간에서는 각각의 순간이 무한하게 되풀이하며 찾아온다. 그 시간 속의 행동은 과거에 일어난 행동의 반복이고, 나아가 그 과거의 행동 자체도 예부터 여러 번 반복되어온 행동이다. 종교학자인 미르체아 엘리아데는 『영원 회귀의 신화』[2]에서 고전기라 불리는 태고의 시대, 이른바 '원시사회'에서는 모든 행동이 과거에 이미 행해진 행동의 반복으로 간주되었다고 말한다. 원시사회로부터 시간이 흘러 고대 철학이 등장하자, 시간의 무한 반복이라는 개념은 다양한 방식으로 표현되었다. 아리스토텔레스나 헤라클레이토스, 스토아학파의 철학자 등은 둥근 고리로서의 시간을 이야기했다. 또한 힌두교에는 영원히 반복하는 나선의 시간이 상정되는데, 여기서는 윤회도 나선 모양으로 발전한다고 한다. 나아가 현대에 이르러서는 프리드리히 니체가 『즐거운 지식』[3]에서 같은 것이 영원 회귀하는 시간이라는 것을 생각해냈다. 그는 다음과 같이 말한다.

> 당신이 바로 지금 경험하고 있는 인생은 이전에 당신이 살았던 인생이다. 당신은 이전의 인생을 다시 살아가야 한다. 그렇게 몇 번이나 인생은 반복된다. 반면 그 인생에는 새로운 것이 아무것도 없다. 괴로움이나 기쁨, 생각이나 고민 등과 같이 당신이 경험하는 일들은 가장 큰 사건부터 가장 작은 사건까지 당신에게 되돌아온다. 심지어 같은 순서로, 같은 방식으로 반복된다. 지금 당신이 보고 있는 거미와 나무들 사이의 달빛, 모든 순간, 그리고 당신 자신조차 반복된다. 존재라는 이름의 모래시계는 영원히 반복하여 뒤집어진다. 그리고 모래 속의 한 알갱이인 당신 자신도 반복된다.

니체의 이러한 생각은 반정부적인 혁명가 오귀스트 블랑키(1805~1881)로부터 영향을 받은 것이다. 블랑키는 인생의 대부분을 감옥에서 보냈기 때문에 '유폐자'라 불렸다. 물론 그는 전통을 완전히 부정하고, 조상 대대로부터의 권위에 순종하는 것도 철저히 거부했다. 그렇지만 이 영원한 반역자도 만년인 1872년에 출판한 『천체에 의한 영원』[4]에서 둥근 고리로서의 시간을 주장하고 있다. 그는 대대로 계승되는 관례를 인정하지 않고, 스승과 선조를 존경하기를 거부하며, 철저히 유물론자로서의 입장을 관철했다. 이로부터 우주는 시간적·공간적으로 무한하고, 시작도 끝도 없다는 개념이 도출된 것이다. 블랑키는 다음과 같이 이어간다. 이 세계에 존재하는 것은 원소의 집합체다. 그리고 원소의 종류는 한정되어 있다. 우리 세계는 무한의 시간과 공간 속에서 유한한 조합으로 이루어져 있다. 그렇다면 시간을 초월하고, 우주를 넘어선 그곳에 우리 세계와 완전히 같은 원소의 조합을 가진 분신이 무한히 존재하고 있을 것임에 틀림없다. 그러므로 이 지구를 꼭 빼닮아 완전히 똑같은 쌍둥이 지구가 하나만이 아니라 무한하게 존재하고, 그곳에도 우리와 완전히 똑같은 인간이 존재한다. 지금 이 지구에 살고 있는 누군가는 다른 누군가의 반복이며, 언젠가 다른 누군가가 어느 한 지구에서 무한히 반복하는 것이다.

같은 것의 무한한 회귀, 같은 것의 끊임없는 재개, 언제까지나 계속되는 반복, '존재라는 이름의 모래시계'를 수없이 뒤집는 것, 이러한 시간을 토폴로지로 표현하면 둥근 고리가 된다. 시작도 끝도 없고, 사람은 수없이 같은 순간을 반복하며 산다. 그곳에서는 아무것도 변하지 않는다.

분절된 시간

실은 유대교, 기독교, 이슬람교와 같은 계시 종교가 등장하면서 새로운 토폴로지가 탄생했다. 새로운 토폴로지에서는 시간의 시작이 있다. 예를 들어 기독교도들에게는 맨 처음 천지 창조가 있고,

에덴동산에서의 생활이 있다. 그리고 시간의 끝도 있다. 기독교에서는 그리스도의 재림이 눈부신 사건이다. 유대교에서는 메시아가 강림하여 죽은 자들이 부활하고, 최후의 심판의 날이 찾아온다. 그리고 시작과 끝 사이에는 시간을 단락 짓는 큰 사건들이 일어난다. 출애굽, 시나이산에서 모세에게 십계가 전해지는 사건, 그리스도의 탄생 등이 여기에 속한다. 이 같은 미래를 암시하는 계시가 시간의 단락을 만들고 있다. 그러나 어떤 큰 사건이 일어난다고 해도 시간의 구조 자체는 변하지 않는다. 시간은 시작과 마지막 순간이라는 두 개의 극을 갖고 있으며, 두 극 사이의 시간은 분절돼 있다. 나아가 말하자면 종말이라는 개념에는 이 세계의 외부에 존재하는 초월적인 세계가 상정되며, 시간의 바깥으로 나가 영원의 세계에 도달하고자 하는 인간의 욕망이 포함되어 있다. 시간의 마지막이라는 개념은 저쪽 세상의 도래라는 희망으로 이어져 있는 것이다.

무한의 직선

먼저 근대가 시작되고, 그로부터 계몽주의가 탄생했을 때, 또한 시간에 대한 새로운 인식이 등장한다. 여기서는 시간과 공간이 등질하고, 특히 시간은 끊기는 일 없이 영원히 계속되며, 기간이 한정되지 않는다. 계몽주의 철학자이자 수학자인 콩도르세가 『인간 정신의 진보에 관한 역사적 개요』[5]에서 진보에 대해 말한 부분이 이 시간의 특징을 가장 잘 설명하고 있다. '무한이라는 단어에는 두 가지 의미가 있다.' 첫 번째 의미에서는 한계가 없는 것이 아니다. 다만 그 한계는 '끝없고 멀리 존재하여 그에 이를 수 없다'는 뜻이다. 두 번째 의미에서는 '완전한 의미에서의 무한이다. 거기에는 이미 진보를 멈추게 하는 한계는 없다'.

이 끝없는 발걸음은 무한의 저편에 놓인 마지막 지점을 향하면서도 결국은 다다를 수 없다. 이 시간은 어떠한 한계도 없고, 자신에게로 되돌아오지도 않으며, 언제까지나 계속된다. 토폴로지로 표현하자면 이 시간의 흐름은 직선이다.

'절단된' 시간

일신교에서 상정하고 있는 분절된 시간과 비교해보면, 그노시스파는 지금까지 살펴본 것과는 다른 형태의 시간을 갖고 있음을 알 수 있다. 그노시스파에 따르면, 가짜 신이 진정한 신의 힘을 빼앗아 거짓세계를 창조한 후, 대이변에 의해 그 세계가 정화되어 진정한 신이 정당한 지배자로 군림하게 된다고 한다. 그 결과 흐름의 도중에 있던 시간이 절단되어 중단되고, 이후에는 올바른 질서가 지배하여 조화가 찾아온다는 것이다.

앞서 언급했듯이 기술적 특이점은 그노시스파의 시간과 같은 방식으로 시간을 인식하고 있다. 특이점에서도 어느 날 갑자기 결정적인 단절이 일어난다. 이 단절을 맞으면 세계는 재창조되고, 시간의 흐름은 변화한다. 의견이 갈리는 부분은 단절이 일어난 후의 세계가 어떻게 변화하는가 하는 점이다. 낙관적인 사람들은 영원한 삶을 누릴 수 있을 거라고 생각한다. 그보다 암울한 미래를 상상하는 사람들은 인간의 미래가 끝나고 인류가 소멸할 것을 두려워한다.

미래의 가지

지금까지 살펴본 것이 일반적인 시간의 토폴로지의 형태인데, 여기에 또 하나의 토폴로지를 덧붙일 수 있다. 이 개념은 인간의 자유를 고려 사항에 포함시킨 것이다. 이 유형의 시간에서는 미래가 미리 정해져 있지 않고, 사람들은 미래로 나아가는 방향을 스스로 선택할 수 있다. 그리고 각각의 결정 가능성이 나뭇가지로 표현된다. 과거를 돌이켜보면 시간은 지금까지의 사건의 축적, 즉 직선이 된다. 그러나 미래는, 더 정확히 말하자면 우연적 미래는 무수한 가능성으로 넘쳐난다. 이러한 개념에서의 시간은 가지를 뻗은 나무와 같은 형태를 취하고 있다. 각각의 가지가 인간의 자유로운 결정을 나타내고 있는 것이다. 인간의 결단은 미리 정해진 것이 아니므로, 수없이 갈라진다. 그리고 일단 인간이 결단하여 무수한 가지 중에서 하나가 선택되면, 그것에서부터 또 갈라져 선택의 가능성이 새롭게 퍼져나간다. 분기는 시간이 마지막을 맞을 때까지 계속된다. 이런 식으로 과거는 나무처럼 하나의 줄기로 표현되고, 미래는 무한하게 갈라져 뻗어나가는 가지가 되는 것이다.

상상력을 더욱 발휘하면 분기는 미래뿐만 아니라 과거에도 적용시킬 수 있을는지 모른다. 즉, 현재를 중심으로 과거와 미래가 대칭적으로 분기하는 형태를 생각한다. 우리가 살아 있는 현재를 단 하나의 과거로 이어져 있는 것이 아니라 수없는 가공의 역사의 결과로 보는 것이다. 하지만 이 이야기는 여기서 끝내도록 하자. 지금 문제 삼고 싶은 것은 미래의 일이다.

나무로서의 시간은 근대가 상정한 직선으로서의 시간과 관계있다. 나무로서의 시간은 근대가 그린 직선으로서의 시간에서 갈라져 나왔다고 할 수 있기 때문이다. 이 시간에서 인간은 완전히 자유롭게 행동할 수 있고, 스스로 자신의 운명을 지배하고 있다. 반대로 전통적인 둥근 고리로서의 시간은 나무로서의 시간과는 전혀 다르다. 앞서 인용한 니체의 『즐거운 지식』 속의 문장을 떠올려 보자. '괴로움이나 기쁨, 생각이나 고민 등과 같이 당신이 경험하는 일들은 가장 큰 사건부터 가장 작은 사건까지 당신에게 되돌아온다. 심지어 같은 순서로, 같은 방식으로 반복된다.' 둥근 고리로서의 시간에서는 선택 자체가 존재하지 않는다. 모든 사물은 같은 순서로, 수없이 반복되므로, 사람들의 결정은 환상에 불과하다. 둥근 고리로서의 시간이라는 토폴로지에서 시간은 시작과 끝이 서로 연결된 선이며, 분기하거나 분기된 가지와 같은 것은 어떤 종류든 존재하지 않는다.

한편 계시 종교가 상정하고 있는 분절된 시간에서는 시작과 끝이 확고하게 존재하며, 인간의 손으로 바꿀 수 없다. 시작은 인간에 앞서 존재하므로, 인간은 결정에 개입할 수 없다. 또한 끝은 기독교에서는 그리스도의 재림, 유대교와 이슬람교에서는 최후의 심판처럼 각각 사람이 마음에 그리는 이상의 세계다. 따라서 여기서도 인간이 선택할 여지는 없다. 물론 시작과 끝 사이에서 인간은 선한 방향으로든, 악한 방향으로든 자유롭게 선택하여 행동할 수 있을 것이다. 자유는 가장 중요한 것이며, 그렇지 않다면 심판이나 속죄의 기회도 주어지지 않을뿐더러 천국과 지옥도 사라져버린다. 그렇게 생각하면 각각의 순간에서 미래는 분기하고 있다고 말할 수 있다. 그러나 분기하고 있다고 해도 결국은 종말이라는 한 점에 모아진다. 그것은 마치 갈라져 무수한 가지로 확산되다가 최종적으로는 하나로 모아지는 실과도 같다. 이는 우리의 자유와 선택의 가능성이 넘쳐나도 시간의 양극단에는 시작과 끝이 존재한다는 사실과 비슷하다.

마치 삼나무와 같은 이러한 시간의 형태는 그노시스파, 그리고 기술적 특이점의 절단된 시간 속에서, 적어도 단절 지점까지의 시간에 적용시킬 수 있을 것이다. 그 시점까지는 미래의 분기가 유지된다. 왜냐하면 그노시스파, 그리고 기술적 특이점의 개념에서는 적어도 우리가 현재 살아가고 있는 불완전한 세계에서 인간의 자유가 인정되기 때문이다. 그렇지 않다면 그노시스주의자들의 노력이나 거듭된 포교활동은 의미가 없는 것이 되어버린다. 그러나 일단 대전환이 일어나 우리 중에서 선택된 사람이 이상세계에서 영원한 삶을 손에 넣게 되면 인간의 자유는 어떻게 될까? 완벽한 세계에서는 당연히 악과 불확실성, 불확정적인 일이 존재하지 않는다. 인간의 죄가 사라지고, 잘못은 바로잡혀 이상적으로 완성된 세계에서는 선만이 존재한다. 그런 세계에서는 선과 악을 택할 필요가 없다. 물론 이상세계의 사람들에게 기호 같은 것은 없다고 말하려는 게 아니다. 다만 이상세계에서는 사람들의 욕구를 예측해 즉각 만족시킬 수 있다. 결정적인 단절이 일어난 뒤 시간은 지금까지처럼 가능성으로 넘친 형태가 아니라 단순한 선이 될 것이다. 그러면 미래 같은 것은 존재하지 않게 된다. 좀더 완곡하게 표현하자면 적어도 미래는 예상 불가능한 것이 아니게 될 것이다. 인간은 우연에 농락당하는 일도 없고, 길을 잃는 일도 없다. 개연성은 사라지고, 모든 것은 필연적이 된다. 빌 조이가 21세기의 초에 쓴 논문 「왜 미래는 우리를 필요로 하지 않게 되는가?」에서 주장하듯이 미래의 미래는 존재하지 않게 될 것이다.

파국이라는 전환점

지금까지 특이점이 일어나기 전후의 미래 형태를 살펴보고, 나아가 둥근 고리로 인식되거나 분절되거나 직선적이기도 한 미래를 각각 비교·검토했다. 이번에는 절단점인 특이점이 만드는 균열 자체를 자세히 살펴보려 한다. 여기서는 시간의 전환점을 파국이라 부르기로 하자. 시간의 전환점은 인간 생활에 극적인 변화를 초래할 뿐만 아니라 역사 속에서의 결정적인 분기점이며, 인류에게는 다른 세계로 뛰어드는 결정적인 변혁이다. 먼저 용어에 주목하면, 파국catastorophe은 그리스어 catastrophè가 어원이다. cata-라는 접두사는 '아래 방향으로'라는 뜻이며, 어근인 strophè는 '전환점'이나 '급변'을 의미한다. 이로써 특이점과 파국이라는 낱말의 의미가 비슷하다는 사실을 알 수 있다. 뿐만 아니라 두 단어는 더 명확한 관계를 맺고 있는데, 수학자이자 파국 이론의 제창자인 르네 통[6]은 이 이론을 수학적 특이점의 특수한 예라고 말한다.[7]

비극의 귀환

특이점의 갑작스런 도래와 그 거대한 규모는 두려움을 불러일으킬 것이다. 문제는 그뿐만이 아니다. 기술적 특이점은 우리 앞에 피할 수 없는 존재로서 등장한다. 특이점이 도래하면, 인간에게는 스스로 선택하거나 결정하거나 행동할 여지가 없다. 우리 앞에 나타나 우리 힘을 빼앗아버린다. 이처럼 특이점은 결정적인 운명으로서 등장한다. 특이점의 힘은 인간의 능력을 뛰어넘는데, 인간에게는 그에 대항할 수단이 없기 때문이다. 마치 그리스 비극과 같지 않은가? 실제로 특이점은 버너 빈지의 SF 작품이 기원이며, 그의 작품 자체도 이전의 작품들부터 영향을 받았다. 특히 수학자

스타니스와프 울람에 의한 테크놀로지의 지수함수적 발전에 관한 공상이나 그 후 1950년대에 출간된 아이작 아시모프의 단편소설, 통계학자의 어빈 존 굿이 1960년대 초에 쓴 초지능 기계에 관한 가설로부터 강한 영향을 받았다. 그들은 한결같이 어두운 미래를 그리고 있다. 그들에 따르면, 특이점이라는 거대한 소용돌이가 이 세계를 장악하면서 인간에게 불길한 운명을 초래할 것이다. 그들이 그리는 특이점은 마치 성 요한이 계시록에 그린 네 번째 기사와 같다. 창백한 말을 탄 네 번째 기사는 죽음과 속죄를 고하고 있다.

그렇더라도 현대의 과학기술과 먼 옛날의 신화가 공존하는 듯한 모습에는 놀라지 않을 수 없다. 초근대화된 오늘날 테크놀로지와 신화가 두 손을 맞잡고 그리스 비극을 부활시키려 하고 있다. 여기서 무서운 점은 특이점이 그리는 시나리오 자체가 아니라 장르가 뒤섞여 각각의 경계를 침범하고 있다는 점이다. 저명한 과학자와 대기업의 수장, 유명한 엔지니어와 같은 인물들이 자신들의 영향력을 이용해 통속적인 공상을 사람들의 의식 속에 주입하려 하고 있다. 오해가 없도록 말하자면, 과학자가 사람들을 즐겁게 하기 위해서나 지식을 전달하기 위해 공상의 이야기를 만들 권리는 누구도 박탈할 수 없다. 그러나 그것이 허구인지, 과학적 방법에 의거한 주장인지를 엄격히 구별할 필요가 있다. 과학과 공상을 명확히 구분하지 않는다면 혼란만 야기할 뿐이다. 그들은 양자의 구별을 애매하게 함으로써, 진정한 미래의 모습을 숨기고 있다. 단순히 하나의 가능성에 불과한 시나리오를 전혀 피할 수 없는 운명인 것처럼 말해 그 외에도 존재할 수많은 선택을 숨기고, 특이점 외의 것을 선택한다면 어떤 결과가 생길지 혹은 그 선택이 인간의 행동을 얼마나 자유롭게 할지 등을 생각하지 못하도록 하고 있다. 과학자라는 존재는 본래 자기의 모든 능력을 발휘하여 가능성과 개연성을 제시하고, 사람들이 스스로 결정하고 행동하는 데 보탬이 되어야 한다. 그것이 과학자의 책임이다. 근대 초기에 확립된 이러한 과학자의 자세가 인류의 발전에 크게 기여한다. 그런데 지금은 일부 과학자가 자신의 영향력을 이용해 전문가로서의 입장에서 근거가 희박한 파국을 믿게 하려 하고 있다. 그럼으로써 그들은 더 이상 지식인으로서의 책임을 다하고 있지 않다. 그러나 어떤 예측에 들어맞는다고 해서 모든 예측에 다 들어맞는 것은 아니다. 파국에 관한 예측도 마찬가지로, 모두가 같은 유형은 아닌 것이다.

파국의 상인

대체로 우리 인간은 파국이라는 충격적인 사건에 커다란 흥미를 느낀다. 물론 파국을 스스로 체험하고 싶어하는 것은 아니다. 다만 파국에 관한 이야기는 그것이 과거의 것이든, 미래의 것이든, 현실의 것이든, 상상의 것이든 우리의 관심을 끌고, 상상력을 자극한다. 지금까지 신문이나 영화, 소설은 다양한 종류의 파국을 다뤄왔다. 살인 사건, 자동차 사고, 지진, 화재, 전쟁, 외과 수술 등

셀 수 없을 정도로 많다. 신문기자, 작가, 시나리오 작가와 같은 모든 형태의 이야기꾼은 이용할 만한 파국을 기다리는 자들이다. 과거의 파국을 이야기하는 데 능숙한 사람은 성공을 거둔다. 그리고 미래의 파국을 이야기할 수 있다면 더 큰 명성을 얻는다. 미래에 대해서는 모든 사람이 관심을 보이기 때문이다. 비록 그 내용이 상상 속 이야기라 하더라도 상관없다. 왜냐하면 실제로 파국이 일어나지 않더라도 이를 불평할 사람은 없기 때문이다. 그러고 보면 파국을 이야기하는 것은 하나의 장삿속이다. 이야기꾼들은 필경 '파국의 상인'으로 불려야 마땅하리라. 프로 상인은 예부터 파국을 과장하여 사람들의 흥미를 끌도록 이야기하는 것을 업으로 삼아왔다.

파국의 상인은 파국을 '납득할 수 있는plausibule' 것으로 만들기 위해 애써왔다. 여기서 '납득할 수 있는'이란 말은 앞 장에서 설명한 것처럼 '박수갈채를 보내다applaudir'라는 말과 같은 라틴어 어원을 갖고 있다. 실제로 파국에 관한 이야기를 팔려면, 대중의 무조건적인 믿음과 지지를 이끌어내야 한다. 이를 위해서는 파국에 분명한 모순점이 없고, 실현 가능성이 조금이라도 있으면 충분하다. 파국이 일어날 개연성을 굳이 생각하지 않아도 된다. 쉽게 믿는 사람들을 납득시키려는 데는 개연성이 별 도움이 되지 않기 때문이다.

현명한 파국론

지금까지 일반적인 파국에 대해 설명해왔는데, 사실은 현재 파국의 새로운 예상 형태가 등장하고 있다. 새로운 파국 이론은 단순한 상상에 근거한 것이 아니라 논리적인 계산에 의거하여 전대미문의 대사건이 돌발적으로 발생하는 개연성을 측정하자고 하는 것이다. 다양한 분야의 테크놀로지, 특히 디지털 기술의 진보를 통해 명확한 형태의 리스크는 진정한 의미에서의 위협이 아니게 되었다. 명확한 리스크라면, 무작정 두려워할 필요 없이 그에 대비하여 시간을 들임으로써 방어할 수단을 강구하면 되기 때문이다. 그러나 돌발적인 사고는 과거에 일어난 적이 없기 때문에 그에 대비하기가 어렵다. 예를 들어 체르노빌이나 후쿠시마 원전 사고는 예측 가능한 원인에 의해 발생한 것이 아니라 다양한 연쇄 사건의 결과로서 발생한 것이다. 일련의 사건은 물론 일어날 개연성이 있었다. 그러나 그러한 사건이 겹쳐 하나의 커다란 결과에 이르는 상황은 예측을 벗어난 것이다. 후쿠시마의 예에서는 진도 8.9의 지진이 발생하자 원자력발전소의 원자로가 자동 정지했다. 하지만 정지 후에도 핵붕괴에 의한 열이 계속 발생했기 때문에 원자로를 급속 냉각시킬 필요가 있었다. 그렇지만 지진으로 인해 냉각에 필요한 전력 공급은 중단된 상태였다. 더불어 제방은 6미터 이하의 해일을 상정하여 만들어졌는데, 14미터가 넘는 해일이 발생했다. 그 결과 비상용 디젤 발전기가 해일에 침수되어 고장을 일으켰다. 본래는 이 비상용 디젤 발전기가 전원이 중단되어도 전기를 공급하여 주수냉각용 펌프를 가동시키도록 되어 있었지만, 그것이 불가능해진 것이다. 그로 인해 오랜 시간 원자로의 온도는 계속 상승했는데, 냉각수는 공급되지 못했다. 그와 더불어 지진과 해일로 발생한 혼란 때문에 구조대의 도착도 늦어졌다. 이렇게 해서 지진 발생으로부터 수일 동안 온도 상승이 계속되었고, 그것이 원자로 격납 용기의 방진 능력의 상실, 연료봉의 용해, 방사성 가스의 배출을 차례로 일으켜 여러 차례 폭발 사고가 유발되었다. 이러한 비극적인 사태가 연속해서 발생하는 상황을 전혀 예측하지 못한 탓에 사람들은 아무런 대비도 하지 않았던 것이다. 예측했더라면 사태가 그렇게까지 심각해지지는 않았으리라. 이러한 사태의 연쇄 발생은 원전 사고뿐 아니라 가령 비행기 사고처럼 현대의 다양한 파국에서도 찾아볼 수 있다.

수학자이자 경제학자이며 철학자인 장피에르 뒤퓌는 이런 유의 파국에는 과학적인 접근이 필요하다고 주장한다. 그는 우선 공룡의 멸종을 예로 들어 진화에서 파국이 담당하는 역할을 설명했다. 그리고 테크놀로지가 진화하면서 일어난다고 하는 파국에 대한 마음가짐으로서 '현명한 파국론'[8]의 필요성을 호소했다. 그에 따르면, 그러한 사고는 각각 개개의 발생 개연성이 낮아 거의 일어나지 않을 것으로 생각되더라도 그중 어느 하나가 돌발적으로 일어날 개연성은 꽤 높다고 한다. 실제로 일어날 개연성이 있는 사고를 열거하면, 그 수는 아주 많아질 것이다. 일어날 가능성이 있는 사고는 각각 독립적이지만, 그중 어느 하나가 발생할 개연성은 개연성 전체의 수에 좌우된다. 비록 개개의 사고가 발생할 개연성은 매우 낮다 하더라도 그것이 많이 모이면, 그중 어느 하나가 발생할 개연성은 무시할 수 없는 수준이 된다.

일반적인 파국과는 달리 이런 파국은 발생을 예측할 수 없다는 점이 특징이다. 일반적인 파국론에서는 미래에 일어날 시나리오가 이미 쓰여 있고, 그 시나리오야말로 미래에 일어날 일을 맞히고 있다고 주장한다. 그러나 현명한 파국론에서는 어떤 사고가 일어날지 사전에 명확한 형태로 제시되지 않는다. 어떤 일이 일어날지 모르는 상황에서 갑작스러운 사건에 대비하도록 권유한다. 이처럼 일반적인 파국론에서 볼지, 현명한 파국론에서 볼지, 어느 쪽 입장에 서느냐에 따라 파국이라는 용어의 의미가 크게 달라진다.

일반적인 파국론, 즉 앞서 상인의 파국론이라 부른 것에서는 어떻게 해야 가장 그럴듯하게 보일지, 어떻게 해야 많은 사람에게 받아들여질지가 중요하다. 그러기 위해 알기 쉬운 근거를 제시하고, 아무리 저항해도 파국을 피할 수 없다는 점을 납득시켜야 한다. 이 파국론에서는 시나리오를 사람들에게 알리는 단계, 바꿔 말하면 세부적으로 알려지고 묘사되고 덧붙여지고 표현되는 선전 단계, 즉 잘 연결된 초안과 함께 정확한 개요를 함축하는 선전 단계가 있어야 한다.

반대로 두 번째 예, 즉 현명한 파국론에서는 파국이 갑작스럽게 일어난다. 그래서 언뜻 보면 일어날 것 같지 않고, 확실한 형태로 제시되지도 않는다. 일반적인 파국론에서는 파국을 예측할 수 있기 때문에 그에 대한 준비를 하고, 그 충격에 대비할 시간이 주어진다. 하지만 준비할 시간이 주어진다면 그 대부분은 진정한 의미에서의 파국이 아니며, 그저 해결해야 할 문제라고 말해야 할 것이다. 아무리 두렵고, 아무리 충격적인 예측이라 하더라도 말이다. 예를 들면 지구에 거대한 운석이 충돌하여 지구가 궤도에서 크게 벗어나 대규모 기후변화가 발생한다고 하자. 그것이 꽤 오래전부터 예측되고 있었다면, 사고에 대비하여 마음을 먹고 위협을 약화시킬 수 있는 것이다(하지만 그렇게 되면, 이른바 파국이 아니게 된다).

이에 반해 두 번째 의미에서의 파국은 극복하기가 어렵다. 그것은 필연적이 아니고 어느 날 갑자기 일어나므로, 대비할 수 없기 때문이다. 이 파국은 언뜻 일어날 것 같지 않고, 예측할 수 없는 상태에서 갑자기 생겨난다. 예를 들어 전염병이 발생한다는 사실을 알고 있으면, 과학자는 사전에 백신이나 특효약, 예방법을 찾는 등 대책을 세우려고 한다. 그러나 진정한 의미에서의 위기는 대부분의 경우 미지의 것으로부터 야기된다. 그리고 그에 대해서는 윤리관을 갖고 임해야 한다. 그런 의미에서 현명한 파국론은 철학적인 접근법과 통하는 면이 많다. 장피에르 뒤퓌는 자신의 작품에서 한나 아렌트[9]나 귄터 안더스독일의 저널리스트이자 철학자, 이반 일리치오스트리아 출신의 신학자이자 철학자와 같은 사상가들의 철학적 접근법을 자주 언급하고 있다.

계몽주의 휴머니즘의 가상

기술적 특이점에 관한 이야기로 되돌아가자. 분명 기술적 특이점은 두 파국론 중 일반적인 파국론에 속한다. 왜냐하면 이를 예언하는 사람들은 그것을 피할 수 없다고 단언하며, 특이점이 도래하는 상황을 세세한 점까지 상세히 묘사하고 있기 때문이다. 그들에 따르면, 그 상황은 미리 정해지는데 인간이 자유롭게 행동할 여지는 없다고 한다. 이런 식으로, 매우 그럴듯하게 이야기하는 점이 장피에르 뒤퓌가 말하는 현명한 파국과 다르다. 또한 앞서 언급한 것처럼 그들의 주장은 확고한 과학적 증명에 의해 뒷받침되고 있지 않다.[10 11] 사람들은 스티븐 호킹과 같은 과학자나 일론 머스크와 같은 유명한 경영자의 명성에 이끌려 믿는 것뿐이다.

따라서 특이점의 주장은 확실한 과학적 증명을 결여하고 있다는 점에서 인식론적으로 잘못되어 있다. 그러나 그것만으로 끝이 아니다. 특이점의 주장은 윤리적으로도 비판을 비껴갈 수 없다. 특이점이라는 특수한 시나리오를 제시함으로써, 그 외에도 존재하는 다양한 위험성으로부터 사람들의 주의를 흩뜨려 그 위험의 존재를 은폐하고 있기 때문이다. 그런 식으로 불의의 사태에 대비하도록 하기보다 미래의 모습을 감춘 채 우리 시점을 잘못된 방향으로 이끌고 있다.

게다가 그렇게 이끌어가려는 세계는 개연성이 의심스러울 뿐만 아니라 전통적 가치관인 절제[12]와 신세계의 산물인 '오만hubris'*이 대립하고, 아울러 매우 불평등한 것이 될 것 같다.[13] 왜냐하면 비록 우호적인 인공지능이 실체화되어도 그 지지자의 주장에 반하여 사람들이 둘로 나뉘는 일은 피하기 어려워 보이기 때문이다. 의식을 기계에 업로드할 수 있다 하더라도 그 기술의 혜택을 누릴 수 있는 사람이 있는 한편, 그렇지 못하는 사람들도 있을 것이다. 이처럼 특이점은 인간의 불평등을 초래할 뿐 아니라 겉보기만의 환상으로, 윤리에 반하는 위험한 생각이다. 문제는 그뿐만이 아니다. 특이점은 인간중심주의(휴머니즘)와 단절되어 있다. 이 점에서 특이점은 인간을 초월한 존재를 생물학적으로 지향하는 주장과는 거리를 둔다. 예를 들어 뤼크 페리는 『트랜스휴머니즘의 혁명』[14]에서 생물학적인 트랜스휴머니즘이란 "'자연을 초월한 형태'로 휴머니즘을 지속시키려는 것"이라고 말했다. 그는 자신이 생각하는 특이점은 오히려 '사이버네틱스에 의한 포스트휴머니즘'과 관계있는데, 그것이 추진하는 '위험한 사이버화 계획'은 '생물학보다 로봇공학이나 인공지능 연구를 우선시하며, 인간과 기계의 완전한 융합을 지향하는 것'이라고 썼다.

특이점이 도래하면 인류가 멸망하든, 인간이 자신이 창조한 기계에 지배당하든, 또는 더 낙관적으로 생각해서 정보기술에 의해 인간과 테크놀로지가 융합하여 의식이 기계에 이식되든, 어쨌든 간에 인간의 의지는 무의미해질 것이다. 인류가 멸망한다는 첫 번째 가능성에서는 인간의 의지 같은 것은 물론 존재하지 않는다.

---

* hubris는 그리스어로 '도가 지나친 것'이나 '거만함'을 의미하는 hybris가 어원으로, 과도한 자신감에 들떠 있는 상태를 나타낸다.

또한 기계가 인간을 지배한다는 두 번째 가능성에서도 인간의 의지는 자취를 감춘다. 인간은 기계의 노예로 전락하고, 동물적으로 삶을 연명하는 것이 유일한 소망이 된다. 바야흐로 자신이 노예의 지위에서 해방되리라는 소망은 완전히 버리게 될 것이다. 그렇다면 세 번째 가능성, 기계와 인간의 융합이라는, 가장 기발한 가능성은 어떨까? 만약 그런 일이 가능해진다면 인간은 자신의 욕망을 즉석에서 충족시킬 수 있을 것이다. 인간의 욕망 충족을 방해하는 요소가 사라진다면 인간은 세계와 분리된 존재라고 할 수 없게 된다. 세계와 동화되어버리면, 인간의 의지는 소멸한다. 인간이 살아가는 시간은 평이해지고, 아무런 변화도 일어나지 않는다. 다시 말해 인간은 신과 같은 존재가 된다. 요컨대 이는 휴머니즘 전통에서 매우 중요하게 생각하는 인간의 중간적 지위, 즉 천상과 지상의 중간적 지위 그리고 삶과 죽음의 중간적 지위의 소멸을 의미하는 것이다. 르네상스의 사상가 피코 델라 미란돌라이탈리아의 인문주의자·저술가는 인간은 본디 중간자적 지위에 있는 존재라며 다음과 같이 설명한 바 있다.

> [신은] 인간이라는 아직 아무것도 아닌 존재를 창조하여 세계의 중심에 두었다. 그리고 인간에게 다음과 같이 말했다.
> "아담아, 나는 네게 정해진 장소를 주지 않고, 정해진 겉모습도 주지 않고, 특별한 재능도 주지 않았다. 그것은 네 자신이 장소와 겉모습, 재능을 소망하는 대로, 생각하는 대로 손에 넣도록 하기 위해

서다. 다른 동물들에 대해 나는 그 성질을 정하고, 따라야 할 규칙을 정했다. 그러나 너는 어떤 제약에도 묶여 있지 않다. 너는 내가 네게 준 판단력을 이용하여 스스로 자신의 성질을 정할 수 있다. 내가 너를 세계의 중간 장소에 둔 이유는 네가 주위 세계를 마음껏 살펴볼 수 있도록 하기 위해서다. 너희를 천상의 존재로도, 지상의 존재로도 하지 않고, 죽어야 할 존재로도, 불사의 존재로도 하지 않았던 이유는 그 양쪽을 조정하는 힘을 갖게 하기 위해서이며, 자기 자신을 바꾸거나 창조할 수 있는 명예로운 능력을 갖게 하기 위해서다. 너희는 자유롭게 스스로의 모습을 만들어낼 수 있다. 짐승처럼 더욱 하등한 존재로 타락할 수도 있고, 확고한 정신 능력으로 신과 같은 높은 수준의 존재로 다시 태어날 수도 있다."[15]

특이점 이후의 인간은 이처럼 '조정하는 힘'이나 '자기 자신을 바꾸거나 창조할 수 있는 명예로운 능력'을 빼앗겨 '더 하등한 존재로 타락하는' 일도 할 수 없고, '확고한 정신 능력으로 신과 같은 높은 수준의 존재로 다시 태어나는' 일도 할 수 없다. 즉, 인간의 의지는 더 이상 필요치 않게 된다.

이러한 의지의 상실과 더불어, 아니 오히려 의지가 상실됨에 따라 인간은 미리 정해진 장소에 '안주하게' 된다. 인간은 현재의 자신을 뛰어넘어 새로운 자신이 되려 하지도 않고, 바깥세상도 사라진다. 그것은 인간의 탄생 이래의 조건이 사라짐을 뜻한다. 그 인간의 조건에 대해 귄터 안더스[16]의 짧은 글을 읽어보자.

인간이라는 존재는 태어났을 때부터 무언가를 소유하고 있지 않고, 필요한 것을 채워 세계와 조화를 이루고 있는 존재도 아니다. 인간은 본래 무엇인가가 부족한 상태이며, 자신이 소망하는 것과는 다른 현실, 이미 존재하고 있는 현실에 지배되고 있다. 세상 속에서 인간은 이질적이며, 조화를 잘 이루지 못하고, 세상에서 분리된 존재다. 그러므로 인간은 바깥세상의 현실에 생각지 못한 질문을 던진다.

기술적 특이점에 동의하는 사람들은 인간이 죽음과 고통을 피해 영원히 살려면 세상과 완전히 조화를 이루어 바깥세상의 현실에 인간을 적응시켜야 한다고 주장한다. 그러나 바꿔 말하면 그것은 출구가 없는 요새 안에 감금된다는 뜻이다. 그리고 완전히 갇혀버렸음을 깨달았을 때에는 이미 완벽한 세상이 완성된 상태로, 자유로운 행동은 위반 행위로 간주된다. 나는 앞서[17] 가상이라는 용어를 이용해 그노시스주의가 그 모체가 된 계시 종교로부터 분리되어가는 경위를 자세히 설명했다. 또한 강한 인공지능 혹은 총괄적으로 동일한 원칙의 지배를 받는 범용 인공지능에 대해서도 가상을 통해 본래 의미에서의 인공지능으로부터 멀어진 경위를 설명했다. 결국 이 특이점 자신도 계몽주의 휴머니즘의 가상인 것이다. 양쪽 다 인간이 자연을 지배한다는 희망, 아니 터무니없는 야망을 갖고 있기 때문에 언뜻 같은 것처럼 보인다. 하지만 가상인 이상, 특이점은 겉모습은 같지만, 계몽주의와는 전혀 다른 것으로 변화했다. 계몽주의에는 휴머니즘이라는 이름하에서 끝없이 진보하려는 이상이 존재한다. 그리고 그를 위해서는 바깥세상을 향해 자신을 끝없이 해방시켜나가야 한다. 그러나 특이점은 완벽하게 완성된 결말 속에 미래를 가둬버린다.

제8장

거짓 인류애

방화범인 소방관 | 분배의 경제와 파탄의 경제 | 선전

거짓 선의, 거짓 배려 | 눈속임

방화범인 소방관

현재 인터넷 업계의 정식 무대에 올라 있는 대기업을 프랑스에서는 GAFA나 GAFAM, NATU 등으로 총칭하고 있다. 이른바 이들 '웹 업계의 거인'은 기술적 특이점의 선전에 막대한 자금을 투자하고 있다.* 앞서 언급했듯이 빌 게이츠나 일론 머스크는 특이점에 대해 적극적으로 발언하고 있고, 노키아, 시스코, 제넨테크 Genentech, 오토데스크, 구글과 같은 대기업은 특이점을 배우는 교육기관인 싱귤래리티 대학[1]에 출자하고 있으며, 일론 머스크는 생명의 미래 연구소라는 인공지능의 안전성에 대해 연구하는 단체에 1000만 달러라는 통 큰 기부를 했다.[2] 또한 2012년 12월에는 구글이 레이 커즈와일을 고용했다. 스튜어트 러셀이나 닉 보스트롬

* GAFA는 구글, 아마존, 페이스북, 애플을 뜻한다. 마이크로소프트를 포함하여 GAFAM이라 부르기도 한다. 프랑스에서는 이들 대기업이 배후에서 세계를 조종하고 있다는 커다란 위기감과 함께 이 용어를 사용한다. 그러나 분석이 왜곡되지 않도록 그러한 의견을 안이하게 받아들이고 싶지는 않다. GAFA나 GAFAM에 이어 최근에는 NATU라는 명칭이 탄생했는데, 정보기술 업계에서 '한계를 돌파'한 네 곳의 대기업, 넷플릭스, 에어비앤비, 테슬라, 우버를 총칭한다. 또한 지금도 여전히 업계에 거대한 영향력을 발휘하고 있는 '웹 업계의 거인' 기업으로는 트위터, 야후, 페이팔이 거론된다.

은 특이점에 대해 적극적으로 언급하고 있는데, 그들 과학자와 철학자는 앞서 열거한 대기업이 출자하는 단체의 원조를 받고 있다.[3] 이처럼 정보산업과 웹산업, 통신산업 분야의 대기업이 거금을 투자하여 특이점이라는 가설의 추종자를 원조하고 있는 것이다.

이는 정말이지 아이러니한 상황이라고 하지 않을 수 없다. 이들 대기업은 솔선하여 정보기술의 발전을 추진하면서도 그 정보기술이 인간을 파멸로 내몰 것이라고 스스로 경고하고 있다. 이래서는 마치 '방화범인 동시에 소방관'인 형국이 아닌가. 그들은 스스로 원해 불을 붙이면서 그 불을 끄기 위해 앞장서서 동분서주하고 있다. 구글은 인간의 존엄과 민주주의, 선의 기준을 테크놀로지가 침범하지 못하도록 하는 국제적인 윤리헌장을 제정하는 윤리위원회의 설립을 약속하고 있다. 그러나 구글 스스로가 아무런 부끄러움 없이 유럽의 윤리 규정을 위반하고 있다. 구글은 인터넷에 게재된 정보의 삭제(잊힐 권리)를 요구하는 개인의 요청을 계속 무시하고 있다. 어차피 자선사업을 하는 것이 아닌 만큼 이들 대기업의 진짜 목적은 수수께끼에 싸여 있다. 따라서 여기서는 이 책의 결론으로 특이점을 선전하는 기업의 목적을 살펴보고자 한다. 이에 대해서는 세 가지 가설을 생각해볼 수 있다.

오만

첫 번째 가설은 웹 업계 대기업 경영자들의 지나친 자아도취, 즉 오만함이다. 그들 대부분은 젊은 나이에, 불과 수년 만에 지금껏 본 적이 없는 경이로운 속도로 막대한 시가총액을 기록하며 사회의 양상을 바꿔놓았다. 모든 것이 그들에게 유리하게 돌아가고 있다. 그들을 가로막는 것은 아무것도 없고, 가는 곳마다 그들에게 대항하는 적도 없다. 딥러닝 등의 수법과 빅 데이터를 활용하여 성공을 거두면서 그들은 자신감을 갖게 된 것이다. 미래의 열쇠를 손에 쥔 자신들이야말로 인간의 새로운 시대를 개척해나가는 존재라는 사실을 믿어 의심치 않는다. 카를 마르크스와 아르튀르 랭보의 말을 빌리자면, 마르크스가 주장한 것처럼 '세상을 바꿨으므로', 앞으로는 랭보가 말하는 '인생을 바꾸는 비밀'을 찾는 것이다. 커다란 착각이지만, 그들은 자신들이 그 개혁의 선구자라고 말하고 싶은 것이다. 예를 들면 '생명의 미래 연구소'라는 명칭 자체가 삶을 바꾼다는 그들의 야망을 잘 드러내고 있지 않은가. 마찬가지로 구글이 2013년에 설립한 바이오테크놀로지 기업인 칼리코[4]도 생물의 노화 메커니즘을 연구하여 노화를 막아 수명을 연장하려 하고 있다. 따라서 기술적 특이점이라는 이야기는 웹 업계의 거인들이 진행하는 테크놀로지의 진보와 보조를 맞추며 열광의 도가니 속에 빠져 있는 듯하다.

보기에 따라서는 과학적인 위업과 앞으로도 계속되어야 할 개혁에 대한 그와 같은 열광은 계몽주의 철학이 낳은 인간중심주의를 계승한다고 할 수 있다. 이를 이해하기 위해 콩도르세의 『인간 정신의 진보에 관한 역사적 개관』 속 한 구절을 보자. 그는 여기서 인간의 수명은 앞으로 한없이 늘어날 수 있는지 묻고 있다.[5]

이런 생각을 해본다. 인류가 개량되어가는 과정은 한없는 진보가 약속되어 있다는 증거. 죽음이 중대한 사고, 혹은 완만하게 진행되는 생명력의 소멸을 통해서만 찾아오는 시대의 도래. 탄생부터 그 소멸까지의 평균수명이라는 것의 기한이 일체 사라지는 일. 이것은 말도 안 되는 생각일까?

이처럼 기술적 특이점과 계몽주의의 입장은 매우 가까운 관계에 있다. 그럼에도 불구하고 앞서 살펴보았듯이 특이점이 도래한다는 소식은 콩도르세가 표명한 한없는 진보에 대한 희망을 무너뜨린다. 특이점 추종자들은 계몽주의가 꿈꾸던 것 같은 한없는 진보를 상정하고 있지 않다. 그들은 진보의 과정에서 하나의 커다란 단절을 상정하고 있다. 그 단절을 넘어서면 인간성은 크게 요동치고, 인간은 이미 인간이 아니게 되다. 따라서 특이점이라는 가설로 인해 환기된 애매한 불안감이 자신의 공적에 한껏 들떠 있는 연구자와 엔지니어의 열광에 찬물을 끼얹는 것이다. 특이점 추종자는 반드시 찾아올 변화를 알리며 그 가공할 위험성을 경고한다. 그들이 호소하는 것은 그것을 피하는 방법이 아니다. 그들에 따르면, 특이점의 실현은 피할 수 없기 때문이다. 그들은 특이점이 몰고 올 충격을 조금이라도 완화시켜 인간이 치명상을 입지 않는 방법을 호소한다. 그렇게 보면 역시 특이점이 불러일으키는 불안감은 그들이 가진 오만함과는 어울리지 않는다. 분명 특이점의 주장 속에는 일종의 오만함이 내포되어 있겠지만 말이다.

분배의 경제와 파탄의 경제

사실 이 불안이 바로 두 번째 가설이다. 웹 업계의 거인들이 특이점을 추진하는 이유는 그들의 오만함 때문만은 아니다. 그들은 과학기술의 발전에 열광하는 동시에, 테크놀로지의 진보를 제어할 수 없게 됨으로써 인간이 자율을 잃어버릴 수 있다는 위기감도 느끼고 있다. 즉 특이점이라는 개념 자체가 그 위험성을 반영하고 있는 것이다. 언뜻 웹 업계의 거인들이 불안감을 갖고 있다는 주장은 의외로 여겨질지도 모른다. 그들은 전 세계에 강력한 제국을 구축하고 있기 때문이다. 그러나 GAFA나 GAFAM, NATU와 같은 명칭이 우리에게 주는 이미지와는 반대로 그들 기업을 개별적으로 보면, 그들의 성공에는 우연한 요소와 불안정한 요소가 포함되어 있음을 알 수 있다. 그들이 제어할 수 없는 요소가 존재하는 것이다. 이 점이 19세기, 20세기의 실업가들과 다른데, 당시의 실업가들은 확고한 의지를 갖고 자신의 생각을 기업과 사회를 향해 관철시켰다. 스스로 나아가야 할 방향을 전략으로 내세우고, 그에 따라 기업을 이끌었던 것이다. 그에 반해 현대의 기업 경영자는 소비자에게 아첨하는 듯한 태도를 보인다. 그들은 소비자의 의견을 들을 필요가 있기 때문이다. 기업은 항상 소비자의 흥미를 끌어야 한다. 어떤 일을 하든 늘 소비자의 의견을 듣고, 소비자의 기호와 경향에 관한 정보를 수집해 그 데이터를 토대로 소비자가 좋아할 만한 일을 한발 앞서 행하는 것이다. 그래서 기업은 항상 개인의 블로그를 조사하면서 소비자가 바라는 것, 소비자의 기분 변화를 알려고 하는 데 필사적이다. 최근에는 특히 소비자가 원하는 것을 더 정확히 알기 위해 빅 데이터를 활용하거나 대량으로 수집한 정보 속에서 소비자의 취향을 나타내는 '희미한 실마리'를 입수하는 것 등을 통해 새로운 유행이 명확히 드러나기 전에 그 단서를 잡으려 한다. 그들은 다양한 의견이 표명되면 즉석에서 대응하고, 기술 혁신이 일어나면 누구보다 더 빨리 그것을 도입하려 한다. 그 계기가 된 것이 2004년에 등장한 '웹 2.0'이다. 이것은 기존 소프트웨어 개발자의 행동에 깊이 배어 있던 낡은 비즈니스 모델을 대신하는 형태로 세상에 등장한 새로운 비즈니스의 흐름을 촉진하는 시스템이다. 기본적인 특징은 사용 결과에 대한 피드백을 체계적으로 이용하여 소비재에 대한 사고방식을 계속해서 개선해나간다는 점이다. 이제껏 전통적인 상품 개발은 경영자가 기초가 되는 아이디어를 제시하고, 엔지니어가 그 아이디어를 바탕으로 제품화하며, 나아가 노동자가 실제 상품을 제조하고, 판매원이 제품을 소비자에게 판매하는 흐름이었다. 그런데 지금은 소비자, 엔지니어, 판매자, 경영자가 기획·제조·판매 등의 단계에 모두 참가하는 사이클이 반복된다. 웹 2.0은 2000년대 '인터넷 경제'의 투기적 버블이 붕괴된 이후에 등장했다. 먼저 실패한 웹 기업과 성공한 웹 기업의 원인을 파악하는 데서 시작해 그 결과 여태까지와 같은 방식은 인터넷 세상에서는 통용되지 않는다는 점을 깨달았다. 그래서 경영자, 엔지니어, 영업 담당자, 소비자 각각이 함께 상품 개발에 참가하는 새로운 기본 방침이 수립된 것이다. 여기서도 알 수 있듯이 웹 2.0은 단순히 웹 자체가 새롭게 태어난 것이 아니라 웹상의 경제를 다시 쓴 것이다. 즉, 낡은 소프트웨어를 재이용하거나 살짝 고친 것이 아니라 완전히 새로운 버전을 쓴 것이다. 주목할 만한 기술 혁신이 일어난 것이 아니다. 웹을 발신하는 도구인 기계 자체는 이미 존재해 사용되어왔던 것이다. 쇄신된 것은 상품을 둘러싼 구조의 형태로서, 그 중심에 있는 것이 소비자다. 소비자는 선택하거나 행동하거나 평가하거나 때로는 직접 기업에 제안함으로써 상품의 성립에 관여한다. 그러면 기업 경영자들은 무엇보다 소비자의 의향을 우선시하고 이를 따를 수밖에 없다. 그리고 이때부터 발전은 더 이상 기업 주도로 이뤄지지 않는다. 기업가들은 소비자의 취향과 욕구, 희망 사항을 가능한 한 관찰하여 파악하고, 어떻게든 소비자의 신뢰를 얻어 경쟁자를 앞지르는 것으로 만족해야 한다.

이러한 점에서도 알 수 있듯 현재의 산업계는 매우 불안정하다. 그것은 IBM과 같은 압도적인 대기업도 예외가 아니다. 하물며 수 년 만에 세워진 기업들(페이스북은 2004년, 트위터는 2006년, 에어비앤비는 2008년, 우버는 2009년, 가장 선임인 구글조차 1998년 설립)은 눈 깜짝할 사이에 형세가 무너져 잊힐지도 모른다. 지금도 라이코스나 알타비스타와 같은 초기의 검색 엔진을 기억하고 있는 사람이 있을까? 뤼크 페리가 『트랜스휴머니즘의 혁명』에서 말하고 있듯이 소비자 참가형 경제는 기업 간의 대립을 낳았다. 그 치열함은 과거 유례를 찾아보기 어려울 정도다.

현대 경제는 다윈의 자연선택과 같이 작동되고 있다. 세계 규모의 경쟁 원리 속에서 기업은 거의 매일 세상의 동향에 신경 쓰며, 새로운 것을 창조해나가야 한다. 이것이 불가능한 기업은 사라질 수밖에 없다. 끊임없는 대규모의 기술 혁신이 경제를 발전시키고, 경제 발전이 또 새롭게 기술 혁신을 지지한다. 이처럼 인간은 세계를 지배하는 힘을 늘려간다. 그런데 이러한 프로세스가 점점 독립적으로 움직이면서 인간의 능력을 뛰어넘어 맹목적으로 되어가고 있다. 기술의 발전은 개인의 의지를 넘어섰을 뿐 아니라 각 국민국가의 의지조차 닿지 않는다. 이는 바로 경쟁이 필연적으로 초래한 결과다.[6]

바야흐로 우리 세계는 제어할 수 없게 되었다. 기술 혁신의 혜택을 가장 많이 받고, 그 세계에서 성공한 사람들조차, 아니 오히려 그런 사람들이 세계를 제어할 수 없게 된 것이다. 여기서 다시 한번 뤼크 페리의 말을 인용해본다.

> 계몽주의에서 물려받은 문명의 이상과는 반대로 기술의 글로벌화는 제동이 걸리지 않은 채 돌진하여 현재와 같은 혼란한 상황, 명확한 목표조차 주어지지 않는 상황에 빠졌다. 분명 우리는 우리가 어디로 가는지, 그리고 왜 그곳을 향하는지를 모르고 있다.[7]

가까운 미래조차 불안정하고 예측할 수 없다는 상황에 많은 사람이 위기감을 느끼는 가운데 운명으로부터 피할 수 없다고 하는 생각은 몇몇 기업, 특히 가혹한 경쟁 속에서 언젠가는 패배할 것을 예감하는 기업에게는 특이점의 불가피성으로 이어지고 있다.

이렇듯 기업이 특이점의 선전에 열을 올리는 두 가지 이유를 생각해봤는데, 그 오만함과 불안감을 함께 고려해봐도 하이테크 기업들이 하나같이 특이점의 선전에 거액을 투자하고 있는 이유를 설명하기에는 부족하다. 앞서 자세히 살펴본 것처럼 그들의 생각은 상식에서 비껴나 있다. 경쟁이 심화되고 있는 가운데 기업이 특이점이라는 애매모호한 가설을 지지하며 미래에 대한 의문을 과연 정직하게 고백할 수 있을까? 그들의 정직한 고백이 경쟁 상대 또는 일반인들에게 기업의 신뢰감을 잃게 하지는 않을까? 따라서 자신들이 맞닥뜨릴 상황이든, 일반인들이 부딪히게 될 상황이든 정보기술 분야의 기업이 미래에 대한 불안을 스스로 나서서 표명하고 있기 때문에 이들이 특이점을 선전하고 있다고 단정짓기는 어렵다. 비록 테크놀로지가 인간의 지배를 벗어난다 하더라도 이들 대기업은 여전히 권력과 지식을 가진 리더로서의 지위를 유지할 것이다. 그들이 나스닥[8]이라는 거대한 독점 체제 안에서 밤낮으로 책략을 꾀하고 있다는 사실을 모르는 사람은 없다. 기업에서 기업으로 매매를 반복하고, 때로는 이런저런 계획을 추진하여 일단 보류했다가 적절한 시기가 오면 재개한다. 그들의 이러한 특수성과 행동양식을 고려하면, 자신들이나 인류 전체에 대한 위기를 알리기 위해 특이점을 확대하고 있다는 두 번째 가설은 꽤 설득력 있지 않은가?

선전

앞서 언급한 것처럼 과거의 파국은 실제로 일어난 일이든, 상상 속의 일이든 사람들의 관심을 끈다. 미래의 파국이라면 잘 만들어져 있을수록 많은 이에게 널리 받아들여진다. 기술적 특이점도 예외가 아니다. SF 소설이나 미래 공상영화라는 형태로 퍼지거나 유명 대학에서 교편을 잡고 있는 교수, 노벨상을 수상한 학자, 크게 성공한 실업가와 같은 권위 있는 사람들의 성명이 화제가 되는 등 다양하게 포장되어 세상에 퍼져나가고 있다. 이는 미디어가 특이점에 관한 화제를 매일 내보내 사람들에게 그 존재를 믿게 하려는 점에서도 알 수 있다. 그렇게 생각하면, 대기업이 어느 정도 비용을 투자해 특이점을 선전하는 이유도 납득할 수 있다. 실제로 특이점이라는 생각에 의해 향후 테크놀로지가 끝없이 지배력을 확장해 가고, 미래에의 열쇠를 쥐고 있다는 점은 분명하다. 이로부터 세 번째 가설이 도출된다. 특이점은 하이테크 산업이 선전이라는 목적을 위해 가져왔다는 가설이다.

이 가설은 연구소와 대학이 특이점을 선전하는 데 투자하고 있는 이유를 잘 설명해준다. 하지만 그렇게 말하면, 하이테크 기업은 특이점을 선전함으로써 자신들의 이미지를 해치는 리스크를 무릅쓰고 있다는 반론도 제기될 것이다. 물론 특이점에 대한 선전은 앞서 말한 '방화범인 동시에 소방관'과 같은 양면성을 지닌다. 즉 한편에서는 자신들이 테크놀로지의 발전에 기여하며 일상생활을 향상시키고 있다고 주장하고, 다른 한편에서는 자신들이 추진하고 있는 일이 인간에게 위협이 된다고 외치는 것이다. 그렇다면 언뜻 보기에 모순되는 이 인지적 부조화 상태를 해결하기 위해 특이점이라는 생각의 핵심을 살펴보자. 그 핵심에는 테크놀로지가 향후 자율적으로 진보한다는 예상이 존재한다. 하이테크 기업의 경영자들은 무어의 법칙과 같은 것을 적용해 테크놀로지가 스스로 진보한다고 단언한다. 자신들이 테크놀로지를 개선할 필요가 없고, 무슨 일이 일어나든 테크놀로지 측에서 개선을 향해 움직인다며 자신들의 책임을 덜어낸다. 그들이 맡은 역할은 테크놀로지를 인간적인 것으로 만드는 일, 인류의 행복에 공헌하는 의지를 갖는 일, 그리고 귀를 기울이는 일뿐이다. 그와 동시에 그들은 자신들에게는 문제점을 파악하고, 사람들보다 앞서 변화를 예견하는 능력이 있다고 주장한다. 테크놀로지에 정통한 관대한 기업이 순수함과 인류애를 바탕으로 인간의 삶을 풍요롭게 하고 수명을 연장시키기 위해 미래에 일어날 변화를 알린다는 것이다. 모든 하이테크 기업이 구글의 기업 이념을 꾸준히 지향하고 있는데, 다음 문장이 그들의 이상을 완벽하게 표현하고 있다. 'making the world a better place(더 나은 세상을 만들자).' 즉, 기술적 특이점을 사람들에게 정착시키기 위한 선전은 기업이 창조하는 사물의 질을 알리려는 목적에서 행해지는 것이 아니라 자신들이 공공을 위해 올바른 일을 하는 기업이라는 이미지를 넓히기 위한 것이다. 그러므로 대부분의 하이테크 기업은 윤리관을 나타내기 위해 장래의 개선으로 이어지는 다양한 행동 규칙을 만든다. 그중에서도 구글은 악을 증오한다는 점을 강조하기 위해 다음과 같은 슬로건을 내건다. 'Don't be evil(악해지지 마라)'. 실로 상징적인 문장이라 할 수 있다.

거짓 선의, 거짓 배려

그러나 하이테크 분야의 대기업이 기술적 특이점을 널리 알리려는 행위 속에 선의와 배려를 담으려는 의도가 있다 하더라도 그 자체가 거짓은 아닌지 의심하지 않을 수 없다. 정말로 자신들의 좋은 이미지를 나타내기 위해서만 기술적 특이점을 선전하는 걸까? 그 전략 뒤에 더 큰 목적, 본래의 정치적인 목적을 감추고 있지는 않을까?

이들 기업은 이미 압도적인 성공을 거두고 있다는 사실을 떠올려본다. 일단 그들은 온갖 수를 써서 금전적인 성공을 추구해야 할 이유가 없다. 짧은 기간의 돈벌이는 그들의 진정한 목적이 아니다. 최초 단계에서부터 그들의 야망은 더 먼 곳을 지향하고 있었다. 그들은 새로운 사회를 확립하고 싶어한다. 다시 말해 그들의 목적은 지금도 그리고 예전에도 경제적인 것이 아니라 정치적인 것이었다. 2001년에 구글의 공동 설립자인 래리 페이지가 내세운 목적은 그것을 잘 그려 보인다. 그는 전 세계의 정보를 정비하고, 전 세계 어디서나 정보에 액세스할 수 있도록 하며, 나아가 그 정보를 유익하게 만드는 일이 목적이라고 말했다.[9] 현재 그들은 막대한 규모의 경제 제국을 구축했다. 통화는 유로, 달러, 위안화 등 다양하지만, 1억, 10억이라는 규모의 금액이 움직인다. 실제로 그들이 행하는 벤처기업의 매수는 이 막대한 단위의 액수로 진행되고 있다.

주목해야 할 점은 이들 대그룹의 경제가 급조된 것으로, 실질적인 서비스에 의한 눈에 보이는 이익으로 성립된 것이 아니라 투기적인 요소가 강하다는 점이다. 그들의 사업은 대개의 경우, 기묘하게도 무료 서비스의 제공을 통해 성립한다(검색 엔진이나 소셜 네트워크 등). 그들은 광고 등 본래 서비스에 부수하는 유료 서비스로부터 이익을 얻고 있다. 이것들은 본업에 비하면 부차적인 서비스이지만, 규모가 커서 막대한 수익을 낳는다. 즉, 대부분의 경우 이들 기업이 얼마나 성공했는지를 측정하려면 자산액의 증가나 경우에 따라서는 증권거래소의 주가 상승으로 측정할 수밖에 없다. 그러므로 소문과 달리 GAFA나 NATU가 뒤에서 결탁하여 음모를 꾸미고 있다는 말은 사실이 아님을 알 수 있다. 왜냐하면 그들도 자금을 확보하기 위해 서로 경쟁하고 있기 때문이다. 그렇지만 그중 어떤 대기업도 경쟁에서 압도적으로 승리하기는 어려울 듯싶다. 그 이유는 그들 회사가 위치한 북미의 법률이 독점을 금지하고 있기 때문이다.

결과적으로 이러한 투기적인 사업을 추진해나가기 위해 이들

기업은 항상 새로운 장소에 관심을 갖게 된다. 즉, 그들은 자신의 권력이 미치는 새로운 세상을 찾고 있는 것이다. 지금까지와 같은 지리적 경계선을 넘어서거나 새로운 지역이 더해지는 등 그들이 지배하는 범위는 기존 국경의 테두리 안에 머무르지 않는다. 하이테크 산업의 기업은 이러한 새로운 토지를 통해 새롭게 큰 이익을 획득하고, 지배력을 강화하려 한다. 그들 전략의 중심에는 새로운 지역의 획득이 존재한다는 점을 쉽게 이해할 수 있을 것이다. 그들의 의도는 완전히 새로운 정치적인 확대다. 이로써 지구 전체의 세력 균형은 전면적으로 바뀔 것이다.

아마도 먼 옛날 인류가 정착생활을 시작해 농경을 하게 된 시대에 국가라는 것이 생겨나면서, 특히 중세 말부터 세계는 국가라는 틀로 분할되어왔다. 국가는 각각의 영토를 확보하여 그 영토의 지배력을 강화하기 위해 애썼다. 그런데 오늘날 인터넷이 등장하면서 권력이 미치는 지역은 이미 국가의 영토와 일치하지 않게 되었다. 이제는 어떤 나라에서 수년을 살더라도 반드시 그 나라의 말을 하지 못해도 상관없고, 그 나라의 관습에 따르지 않아도 된다. 뿐만 아니라 자신이 어디에 살고 있는지 전혀 의식하지 않는 일조차 널리 퍼진 현상이다. 사람들은 다른 나라에 살면서 날마다 자신이 태어난 나라와 함께 생활할 수 있게 되었다. 게다가 국가의 권위가 이미 그 영토에 사는 사람들에게 전면적인 영향을 미치지 않게 되었다. 앞으로의 시대는 물건을 사거나 커뮤니케이션을 하거나 일하거나 교환하는 등의 일을 자국의 지리적인 국경을 넘어 거의 자유롭게 행할 수 있다. 그와 동시에 국내에서도 큰 조직, 예를 들면 은행, 관공서, 기업과 같은 다양한 조직은 서서히 사이버 공간에 대한 의존도가 높아지고 있다. 그렇지만 그 사이버 공간이 해외로부터의 공격에 노출되어도 국가는 그에 대해 완전히 혹은 거의 아무런 대책을 세우지 못하고 있는 현실이다.

이처럼 국가와 영토의 관계가 변화하는 가운데, 근대 주권국가가 해오던 몇 가지 역할에서 국가의 능력은 하이테크 기업의 능력에 크게 추월당하고 있다. 이제는 하이테크 기업이 국가의 역할을 더욱 세밀하게, 더욱 저렴하게 담당할 수 있다고 주장하기에 이르렀다. 그 범위는 보안, 조세의 징수, 화폐의 관리 등 전통적으로 국가에 속해 있던 역할에까지 미친다. 뿐만 아니라 교육, 보건, 문화, 환경에서도 역할 이행이 이뤄지고 있다. 이를 더 자세히 알아보기 위해 몇 가지 예를 들어 웹 관련 기업이 그런 역할을 맡는다고 주장하는 분야를 살펴보고자 한다.

생체 인증

범죄 대책에서 중요한 점은 용의자의 신원을 특정하여 범죄를 사전에 방지하는 것이다. 빅 데이터나 딥러닝을 활용하여 인간의 지문이나 음성, 얼굴, 그리고 홍채 등을 인식하는 능력이 대거 향상되면서 개인을 특정하기가 매우 용이해졌다. 기술적인 면에서는 음성을 자동 처리하여 인간의 말을 인식하거나 화상 처리를 통해 지문이나 얼굴, 홍채를 인식하는 등의 알고리즘이 발전하고 있다.

화상 처리 수법을 사용하려면 '특징점', 프랑스어로는 해양기술용어에서 차용한 아메르amer(항로 표지, 영어로는 landmark)의 수집에서부터 시작된다. 사람 얼굴의 특징점은 입술의 접합부, 콧구멍, 눈꼬리, 눈썹 등이다. 이러한 특징점과 특징점 간의 위치관계를 측정하고, 기계 학습 프로그램에 대량의 예를 축적해서 특징을 리스트화하여 개인을 특정하거나 구별한다. 따라서 학습 알고리즘을 활용할 수 있는 예가 증가할수록 인식 능력은 향상된다. 그런데 프랑스에서는 법률상의 이유에서 비록 행정 기관이라도 요주의 인물의 얼굴 사진을 송신하는 일이 금지되어 있다. 물론 일반인의 화상 수집은 말할 필요도 없다. 따라서 안면 인식 기술을 보안에 유용하게 활용할 수 없다. 한편 페이스북이나 구글 플러스와 같은 소셜 네트워크*는 대량의 사진을 수집하고 있다. 그리고 이 수천만 장, 수억 장의 화상을 딥러닝을 이용하여 소프트웨어에 사람의 안면 인식을 학습시키고 있다.** 현재 이들 기업에서는 온라인으로 지급이나 계좌 개설을 하는 사용자의 인물 확인 혹은 위반 행위를 한 개인이나 경찰이 수색 중인 인물을 발견하는 것 등이 가능하다. 이 예에서도 알 수 있듯이 장래 국민의 안전은 국가보다 기업에 의해 더 확실히 지켜질 것이다. 국가는 시스템과 법률

---

* 기업명을 들면, 딥페이스(페이스북), 페이스넷(구글), 페이스퍼스트, 페이스식스(www.face-six.com) 등이다. 이들은 안면 인식 기술의 전문 기업으로 경이적인 성과를 기록하고 있다. 딥페이스는 2015년에 안면 인식의 정밀도가 97.25퍼센트라고 발표했다. 이는 인간의 인식 능력과 거의 같다. 페이스넷은 무려 99.63퍼센트를 기록했다고 한다.

** 페이스북의 자회사인 딥페이스는 440만 매의 화상을 기계에 학습시키고 있다. 페이스넷(구글)은 2억 매다.

때문에 기계 학습의 알고리즘을 발전시킬 만한 화상을 수집할 수 없는 것이다.

이와 관련하여 다음 사례는 현 상황을 잘 보여준다. 니스의 시장인 크리스티앙 에스트로지는 2016년 4월, 니스에서 유럽 축구 선수권 유로 2016이 개최되었을 때, 시민의 안전을 지키기 위해 안면 인식 소프트웨어를 탑재한 감시 카메라가 부착된 게이트를 설치하려고 계획했다. 그런데 그 직후인 2016년 7월, 같은 니스에서 트럭에 의한 참혹한 테러 사건이 발생해 시의 방범 대책이 도움이 되지 않는다는 사실이 드러난 것이다. 군중 속에서 안면을 인식하는 기술이 얼마나 어려운지와는 별개로 수집 가능한 화상 수의 한계와 중앙 정부가 수색 중인 인물의 화상을 시에 송부할 수 없다는 법률상의 한계 때문에 공공 기관은 아무래도 보안과 관련하여 효과적인 수단을 강구하기가 어렵다. 반면 인터넷 관련 민간 기업은 다양한 방법을 실행에 옮길 수 있다.

신분 등록

젊은 세대에게는 페이스북이나 링크드인, 마이스페이스, 트위터, 비아데오, 인스타그램, 스냅챗과 같은 소셜 네트워크의 페이지를 가지고 활동하는 일이 생활하는 데 있어 거의 필수가 되어가고 있다. 그들은 그곳에 자신의 프로필과 일상생활, 교우관계 등에 관한 정보를 게재한다. 그 정보량은 공공 행정 기관에 제공하는 것보다 훨씬 많다. 기업은 채용 시에 응모자의 인품과 사회생활을 알기 위해 이미 그러한 정보를 이용하고 있다. 그렇다면 국가가 개인 정보에 대한 관리를 이들 소셜 네트워크 서비스에 위탁하지 못할 이유가 있을까? 물론 이런 발상은 언뜻 엉뚱하게 생각될 것이다. 그러나 소셜 네트워크 서비스라면, 국가보다 낮은 비용으로, 정확하게, 그리고 상세하게 정보를 관리할 수 있다. 왜냐하면 그러한 서비스는 이미 이용자의 결혼, 출생, 소속 단체, 이혼, 사망 등 필요한 정보를 입수하고 있기 때문이다. 또한 현재 정보는 수많은 지방자치단체에서 관리하고 있지만, 그들 지방자치단체도 파탄의 갈림길에 서 있다. 그러한 상황이라면 소셜 네트워크 서비스가 개인 정보를 관리하는 편이 출생증명서나 혼인증명서 등을 더 빨리, 더 손쉽게 손에 넣도록 할 것이다. 따라서 소셜 네트워크 서비스가 개인 정보를 관리해도 문제될 것은 없지 않은가? 프랑스에서는 개인 정보가 수 세기 동안 천주교 성직자에 의해 관리되어왔고, 그 후 프랑스 혁명을 계기로 시청에서 그 역할을 담당하게 되었다. 따라서 오늘날 민간 조직에 그 관리를 맡겨서는 안 될 이유는 없다. 그들 쪽이 시청보다 정보를 더 많이 보유하고 있고, 저렴하며, 신뢰할 수 있지 않은가?

암호화

수 세기 동안 강대국은 모든 정보를 파악하기 위해 노력했고, 그것을 검열권의 행사와 범죄자의 추적, 치안 유지에 이용해왔다. 프랑스도 국민의 암호화 기술 이용을 규제하는 법률을 제정하고,

최종적으로는 교환되는 정보를 국가가 해독하게 되었다. 그러나 그 후 통신 네트워크가 놀라운 수준으로 발달하고, 특히 인터넷이 보급되면서 신뢰할 수 있는 암호화 기술이 필요해졌다. 실제로 정보의 기밀성과 안전성이 확보되지 않은 전자결제나 상거래 등은 생각할 수도 없다. 프랑스에서는 1998년 2월 24일에 제정된 법령 제98-101호에서 정보 암호화 기술의 사용이 몇 가지 조건부로 인정되었다. 또한 그 조건도 2007년 5월 2일에 제정된 법령 제2007-663호에서 변경되었다. 오늘날 서방 국가에서는 암호화되지 않은 정보의 교환은 생각할 수조차 없다. 그 결과 국가의 국민에 대한 지배력은 약화되었고, 국가의 입장은 위협받게 되었다.

이를 상징하는 사건이 2015년 12월 2일의 샌버너디노 총기 난사 사건으로 촉발된 애플과 미국 정부의 대립이다. FBI는 테러리스트인 누군가가 소유한 아이폰을 찾아내 데이터의 내용을 파악하여 살인범과 IS와의 관계를 밝혀내려고 시도했다. 그래서 애플에 아이폰의 암호를 해제하는 데 협력해줄 것을 요청했지만, 애플이 이를 거부한 것이다. 이 사건은 국방과 국민 보호에서 국가의 권위가 민간 기업에 의해 손상될 수 있음을 여실히 드러냈다.

2016년 여름 프랑스에서 발생한 테러 사건 또한 국가와 웹 기업 간의 대립관계를 여실히 드러낸다. 프랑스의 베르나르 카즈뇌브 내무장관과 독일의 토마스 데메지에르 내무장관은 같은 해 8월, 텔레그램과 왓츠앱 같은 메시지 애플리케이션을 이용하여 테러리스트 간에 암호화된 정보 교환이 이루어지고 있다며 유럽인들에게 이들 애플리케이션의 암호화를 해제해야 한다고 호소했다.[10] 이에 대해 전국디지털평의회CNNUm가 신랄한 논평을 내놓았다.[11] 논평은 먼저 『르몽드』[12] 지에 발표되었고, 그 후 독일어로 번역되어 독일의 IT계 출판사 하이제 웹사이트 저널난에 게재되었다.[13] 논평에서는 국가가 국민의 안전을 지키기 위한 특권을 이용하려 해도 웹 관련 신흥 기업으로 인해 모든 유의 곤란에 직면해 있는 심각한 현실을 잘 드러내고 있다.

크립토아나키, 블록체인 그리고 비트코인

1990년대 초반 웹이 발명되고 머지않아 인텔의 엔지니어인 티머시 메이가 암호 기술과 개인의 생활을 보호할 필요성을 주제로 SF 작품을 발표하여 화제가 되었다. 그는 '사이퍼펑크Cypherpunks'[14]라는 운동의 창시자로 알려져 있다. 또한 '크립토아나키Crypto Anarchy'[15]에 대한 고찰을 발표해 큰 반향을 일으켰다.

먼저 크립토아나키에 대해 설명하면, 이와 비슷한 용어로 크립토코뮤니즘이 있는데, 이는 '크립토=숨은' 공산주의, 즉, 공산주의에 공감하면서도 운동에 참가하는 등 눈에 띄는 행동은 하지 않고 숨어서 찬성하는 상태를 가리킨다. 크립토아나키는 그와 달리 크립토그래피(암호학)를 이용한 무정부 상태라는 개념을 표현한다. 구체적으로는 각 그룹이 비밀을 완전하게 지킨 상태에서 메시지를 교환하고, 신뢰할 수 있는 제삼자나 거래를 감독하고 정통성을 보증하는 중앙 권력의 개입을 인정하지 않는 것을 가리킨다. 티

머시 메이는 웹상의 거래에서 부정을 저지를 수 없고, 아울러 중앙은행이나 국가의 중개도 없는 금융 거래, 즉 암호화된 가상 통화를 이용하는 금융 거래를 가능하게 하는 애플리케이션의 개발을 목표로 했다. 그 후 1999년에 웨이 다이가 b-money라 불리는 시스템 구상을 발표하는 등[16] 다양한 시도가 이뤄졌다. 그리고 2008년에 사토시 나카모토라는 가명의 수수께끼의 인물이 비트코인이라는 가상 화폐를 발표하며 통화의 암호화를 제창한 것이다.*[17] 이것은 블록체인blockchain이라는 공유화된 통화 대장을 사용하여 상거래를 하는 것이다. 블록체인을 이용하면 위조가 불가능할 뿐 아니라 분산된 거래가 가능해진다. 이듬해인 2009년, 프리소프트웨어에 의해 비트코인은 전 세계로 퍼져나갔다. 비트코인에 대해서는 법률상의 취급이 명확하지 않고, 중앙은행도 의구심을 표명하고 있는데, 특히 프랑스은행은 2013년 12월 비트코인의 위험성에 대해 호소했다. 그럼에도 불구하고 비트코인은 탄생 이래 서서히 그 존재를 인정받고 있다. 지금까지 '화폐의 주조'는 주권국가가 보유한 중요한 특권이었다. 그러나 비트코인의 등장으로 우리는 지금까지 국가가 담당해온 중요한 역할이 하이테크 분야의 대기업으로 넘어가는 사태를 목격하고 있다.

---

* 2016년 5월, 오스트레일리아인 기업가 크레이그 라이트가 자신이 비트코인의 창시자이며, 사토시 나카모토 본인이라고 주장했다. 그러나 크레이그 라이트가 제시한 증거는 설득력이 없다고 판단되어 이 주장은 아직까지 논의를 불러일으키고 있다.

토지대장

세금 징수를 위해 토지대장을 작성하는 일도 주권국가가 갖는 큰 특권 중 하나다. 만약 현재의 그리스처럼 국가가 토지대장을 작성할 수 없는 상태가 되면 세수입이 막혀 국가는 위기에 직면하게 된다. 한편 지금은 구글이나 애플, 맵스미Maps.Me와 같은 대기업이 정확한 지도를 저렴하게 작성하고 있다. 그리스처럼 위기에 맞닥뜨린 국가가 토지대장의 작성을 이들 대기업에 의뢰하면, 국가가 관련 기관을 직접 창설하는 것보다 저렴하게, 신뢰성 있는 토지대장을 작성할 수 있을 것이다.

그 밖의 분야

2015년 11월 30일,[18] 프랑스 국민교육·고등교육·연구 장관인 나자트 발로벨카셈은 프랑스 국가의 대변인으로서 마이크로소프트와 협정을 체결했다. 이로써 디지털 시대에 마이크로소프트가 교육 분야와 지식 분야에서도 기술적으로 뛰어난 역할을 발휘한다는 사실이 공식적으로 인정되었다. 이 협정을 토대로 장관은 마이크로소프트에 '학교에서 컴퓨터를 능숙히 사용할 수 있는 인재'의 육성에 대한 원조, 예를 들면 국민교육부의 인원이나 대학 분야의 인재 육성, 그리고 교육자의 양성이라는 면에서의 지원을 요청했다. 마이크로소프트에 대해서는 특히 '프로그래밍 교육에 특화된 수업을 진행할 수 있는 교원 육성에 대한 원조'를 의뢰했다. 마이크로소프트 측은 인재 육성이 용이하도록 학교 현장에 소프트웨어를 아낌없이 제공하겠다고 제안했다. 그러나 이 제안은 정보통신 시스템에 관한 부처 간 제휴국이 2015년에 발표한 '상호운용성에 관한 일반 가이드라인' 2.0판[19]의 권고에 반한다고 한다. 실제로 이 가이드라인에서는 각 부처가 취급하는 문서는 txt, odf, pdf와 같은 오픈 포맷으로 통일하고, 마이크로소프트의 독자 소프트웨어나 포맷은 사용하지 않도록 제시하고 있다.

여기서도 국가는 공공 교육이라는 분야에서 그 권한을 내려놓게 된다. 프랑스 공화국의 전통에서 특히 중요했던 교육이 거대 기업에 양도되고 있는 것이다.

그 밖에도 다양한 기업이 지금까지 국가가 담당해왔던 역할을 맡겠다고 제안하고 있다. 다음 예들을 보자.

- 건강 분야에서는 네트워크 기기를 이용하여 데이터를 수집하여 진단하고 있다. 또한 영국의 국립위생연구소는 환자의 데이터를 하이테크 기업에 제공한다고 발표했다.[20]
- 연구 분야에서는 예를 들어 칼리코라는 기업이 게놈 정보를 해석하여 노화의 원인 규명에 활용하려 하고 있다.[21]
- 문화 분야에서는 구글북스와 아마존이 출판계에서 차지하는 비율이 커지고 있다.
- 환경 분야에서는 상호 연계하여 환경을 감시하는 사이트가 있다.

눈속임

도처에서 새로운 분야가 생겨나고, 새로운 장소가 지배된다. 지역région의 어원 그대로 '지배régir된 토지'가 증가하고 있는 것이다. 하이테크 분야의 대기업은 새로운 장소를 지배하기 위해 서로 싸우고, 그 장소를 나눠 갖는다. 그들의 목적은 경제적 성공만이 아니다. 그들에게는 정치적 의도도 있다. 대기업은 안정된 상태에 있는 국가, 특히 유럽 국가들에게 싸움을 걸고 있다. 그 결과 국가는 점점 그 권한을 잃어가고 있다. 이는 소설가 조지 오웰이 『1984년』에서 그린 세계와는 동떨어진 것이다. 오웰의 글에서는 국가가 여전히 독점적인 권력을 장악하고 있다. 지금까지 국가에 부여된 대권력을 둘러싸고 공화주의자와 자유주의자 간에 오랜 논쟁이 펼쳐졌지만, 이제 그 권력은 거대 기업에 조금씩 빼앗겨 국가는 말라가고 있다. 아무도 이 흐름을 멈출 수 없다. 우리는 이렇듯 정치의 대전환을 눈앞에 두고 있다. 특이점이라는 장대한 이야기는 엉뚱한 공상 뒤에 이러한 변화가 초래할 위험성을 숨기고 있다. 두려움이라는 감정은 본래의 위험을 보지 못하게 만든다. 그러나 미래는 반드시 찾아온다. 역사는 과거를 돌이키기보다는 앞으로 나아가고 싶어한다. 이 세상은 변화하고 있다. 그리고 인간은 그 변화를 일으키고 있다. 세상의 마지막에 관한 이야기는 이 변화에 대한 우리의 주의를 다른 곳으로 돌리려는 시도다. 눈을 마주친 사람은 돌이 되어버린다는 그리스 신화의 고르곤처럼 특이점은 우리를 돌로 바꿔버리려 한다. 그러나 우리는 눈을 돌리지 말고, 눈앞에서 일어나는 일들을 똑바로 응시해야 한다. 도망가지 말고, 현재 일어나고 있는 문제를 해결해야 한다.

다시 한번 말하지만, 특이점 제창자들은 단절이 일어날 것이라고 주장하는데, 이를 뒷받침하는 증거는 없다. 아마 앞으로도 진보는 가속화되어 그 거대한 소용돌이로 우리를 삼키려들 것이다. 그러나 그 현실에 눈감지 말고 행동해야 한다. 지금 근대화의 절대적인 필요성과 그 정당성에 대해 새삼 문제가 대두되고 있다. 르네상스 시대부터 엔지니어와 과학자들은 근대화를 향한 꿈을 계속 구현해왔다. 한편 예술과 철학 분야에서는 근대화에 대한 이상이 흔들리고 있었다. 근대적인 것을 부정하는 입장이 등장하거나 근대성이라는 문제에 대해 치열한 논쟁이 전개되기도 했다. 여기서 17세기에 일어난 신구논쟁(프랑스에서 일어난 신구의 가치관을 둘러싼 대립)이나 그 이후 시대에 등장한 낭만주의에 의한 시대 비판을 떠올릴 수 있을 것이다. 지금으로부터 한 세기 반 전, 아르튀르 랭보는 「지옥의 계절」 마지막에서 지금까지의 전통, 특히 예술적 전통이나 종교적 전통과 관계를 끊기 위해 근대적이어야 한다고 말했다. 그 후 20세기가 시작되자 랭보에 호응하여 기욤 아폴리네르와 같은 시인이나 테오도어 아도르노와 같은 철학자들은 비록 테크놀로지의 근대화로 인간성이 소외된다고 해도 단호하게 근대적이어야 한다고 주장했다.

하지만 이상하게도 요즘은 지금까지 근대화의 주요 매개물이었던 과학기술이 방향을 전환해 지식과 행동에 대한 욕구를 버리고, 민간에 전승되기 전에 패배를 인정하려 하고 있다. 테크놀로지가 르네상스기에 탄생한 근대화의 이상을 버리려 하고 있다. 그럼에도 어원적 의미에서 생각해보면 근대화의 이상에서 완전히 멀어져버린 것은 아니다. 근대화modernité 속의 유행mode이라는 말이 시대의 정신이라는 의미로 연결되어 있는 것이다. 특이점 추종자는 그런 의미에서 근대적이다. 그러나 그들이 '근대화를 구현하고 있다'고 할 때, 르네상스기에 시작된 근대화라는 용어에는 가상이라는 변화가 포함되어 있다. 겉보기만의 화려함이나 속도에 대한 집념이라는 외면적인 특징만이 유지되고, 내용은 결정적으로 바뀌려 하고 있다. 합리성은 비합리성으로 바뀐다. 고갈될 것 같지 않던 탐구심은 과신으로 인해 사라진다. 과학은 자취를 감추고, 신화나 고명한 학자에 의한 애매한 학설이 그 자리를 대신한다. 인간을 최대한 찬미하는 휴머니즘은 테크놀로지에 기댄 포스트 휴머니즘에 자리를 양보한다. 의심은 특이점이라는 이름의 민간요법 약에 의해 쫓겨난다. 자유가 사라진다. 이렇게 미래가 사라지는 것이다.

만약 특이점 추종자에게 지금보다도 아주 약간의 유머가 더 있었다면, 그리고 과신을 조금이라도 버리고 성실하고자 노력한다면 분명 그들은 에밀 시오랑의 격언을 빌려 이렇게 말하리라. '근대적이라는 것, 그것은 고쳐지지 않는 것을 억지로 고치려 하는 것이다.'[22]

Le mythe de la Singularité

주

제1장

1 특히 스튜어트 러셀이 피터 노빅과 함께 저술한 지침서는 인공지능 분야의 규범이 되었다. *Artificial Intelligence: A Modern Approach*, Prentice Hall Series in Artificial Intelligence, 1995.
2 Rory Cellan-Jones, "Stephen Hawking warns artificial intelligence could end mankind", bbc.com, 2 décembre 2014; 불어 원문은 저자의 번역.
3 Eric Mack, "Why Elon Musk spent $10 million to keep artificial intelligence friendly", forbes.com, 15 janvier 2015.
4 Miriam Kramer, "Elon Musk: Artificial intelligence is humanity's "biggest existential threat"", livescience.com, 27 octobre 2014.
5 Conférence "Reddit Ask Me Anything": Eric Mack, "Bill Gates says you should worry about artificial intelligence": forbes.com, 28 janvier 2015.
6 futureoflife.org/misc/open_letter.
7 The Future of Life Institute, thefutureoflife.org.
8 Future of Humanity Institute-University of Oxford, www.fhi.ox.ac.uk.
9 Machine Intelligence Research Institute-MIRI, intelligence.org.
10 Center for the Study of Existential Risk, cser.org.
11 Singularity University, singularityu.org.
12 Institut for Ethics and Emerging Technologies, ieet.org.
13 www.extropy.org.
14 Hans Moravec, Harvard University Press, 1988; trad. fr.: *Une vie après la vie*, Odile Jacob, 1992.
15 *Id.*, Oxford University Press, 1998.
16 Kevin Warich, *I, Cyborg*, University of Illinois Press, 2004.
17 Steve Connor, "Professor has world's first silicon chip implant", inde-

penent.co.uk, 26 août 1998.

18 www.kevinwarwick.com.

19 Hugo de Garis, *The Artilect War: Conmists vs. Terrans. A Bitter Controversy Concerning Whether Humanity Should Build Godlike Massively Intelligent Machines*, ETC Publications, 2005.

20 Bill Joy, wired.com, avril 2000: 원문은 저자가 번역.

21 이에 관해 관심 있는 독자는 1963년 레이 커즈와일이 출연한 CBS 방송 프로그램 기록물을 볼 수 있다. "Ray Kurzweil on "I've Got a Secret"".

22 엔지니어에게는 가장 권위 있는 미국의 상.

23 커즈와일의 작품은 다음과 같이 불어로 번역 출간되었다. *How to Create a Mind: The Secret of Human Thought Revealed* (Comment créer un esprit: le secret de la pensée humaine révélé), Penguin Books, 2013; *The Age of Spiritual Machines: When Computers Exceed Human Intelligence* (L'âge des machines spirituelles: quand les ordinateurs l'emportent sur l'intelligence humaine), Penguin Books, 2000; *Transcend: Nine Steps to Living Well Forever* (Transcendance: neuf étapes pour vivre mieux éternellement), Rodale Books, 2010; *The Singularity Is Near: When Humans Transcend Biology* (La Singularité est proche: quand les hommes transcendent la biologie), Penguin Books, 2006; *Virtually Human: The Promise–and the Peril–of Digital Immortality* (Humain virtuel: la promesse–et le danger–de l'immortalité numérique), St. Martin's Press, 2014; *Fantastic Voyage: Live Long Enough to Live Forever* (Voyage fantastique: vivre suffisamment longtemps pour vivre éternellement), Plume, 2005.

24 Nick Bostrom, Oxford University Press, 2014.

25 World Transhumanist Association, transhumanism.org/index.php/WTA/hvcs/.

26 humanityplus.org.

27 Laurent Alexandre, *La Mort de la mort*, J.-C. Lattès, 2011.

28 Carl Shulman et Nick Bostrom, "Embryo selection for cognitive enhancement: Curiosity or game-changer?", *Global Policy*, vol. 5, no. 1, 2014, p. 85-92; www.nickbostrom.com/papers/embryo.pdf.

제2장

1 Vernor Vinge, "The coming technological singularity", *in* G. A. Landis(ed.), *Vision-21: Interdisciplinary Science and Engineering in the Era of Cyberspace*, NASA Publication CP-10129, p. 115-126, 1993: 온라인에서 열람 가능. www-rohan.sdsu.edu/faculty/vmge/misc/singularity.html.

2 Irvin John Good, "Speculations concerning the first ultraintelligent machine", *Advances in Computers*, vol. 6, 1965; www.acikistihbarat.com/dosyalar/artificial-intelligence-first-paper-on-intelligence-explosion-by-good-1964-acikistinbarat.pdf.

3 Isaac Asimov, "The last question", *in* R. W. Lowndes(ed.), *Science Fiction Quarterly*, vol. 4, no. 5, novembre 1956.

4 M. Mitchell Waldrop, "The chips are down for Moore's law", nature.com.

5 Ray Kurzweil, *The Singularity is Near*…, *op, cit.*

6 Hans Moravec, "When will computer hardware match the human brain?", *Journal of Evolution and Technology*, vol. 1, 1998; jetpress.org.

7 Hugo de Garis, *The Artilect War: Cosmists vs. Terrans*…, *op. cit.*; Hervé Kempf, "2 000 débats pour le siècle à venir, Hugo de Garis, chercheur en intelligence artificielle", *Le Monde*, pages "Horizons-Débats", 9 novembre 1999 참조.

8 Kevin Warwick, *March of the Machines: The Breakthrough in Artificial Intelligence*, University of Illinois Press, 2004.

9 Bill Joy, "Why the future doesn't need us", art. cit.

10 Nick Bostrom et Julian Savulescu(eds), *Human Enhancement*, Oxford, Oxford University Press, 2008.

11 Amnon H. Eden, James H. Moor, Johnny H. Søraker et Eric Steinhart(eds), *Singularity Hypotheses: A Scientific and Philosophical Assessment*, Springer, "The Frontiers Collection", 2013.

12 '휴머니티 플러스'는 트랜스휴머니즘을 추진하는 단체의 명칭.

13 Nick Bostrom, "A history of transhumanist thought", *in* Michael Rectenwald et Lisa Carl (eds). *Academic Writing Across the Disciplines*, Pearson Longman, 2011.

14 Hervé Kempf, "2000débats pour le siècle à venir, Hugo de Garis, cher-

cheur en intelligence artificielle", art. cit.

15 Bill Joy, "Why the future doesn't need us", art. cit.

16 *Time*, 21 février 2011. content.time.com 참조.

17 Lev Grossman, "2045: The year man becomes immortal", content.time.com.

18 불어 원문은 저자의 번역.

19 *Cf.* 2045.com.

20 *Cf.* 2045.com/project/avatar.

21 Reinhart Koselleck, *Le Futur passé. Contribution à la sémantique des temps historiques*, trad. Jochen Hoock et Marie-Claire Hoock, Éditions de l'École des hautes études en sciences sociales, Paris, 1990.

22 Jürgen Schmidhuber, "Philosophers & futurists, catch up! Response to the singularity", *Journal of Consciousness Studies*, vol. 19, no. 1-2, 2012, p. 173-182; 불어 원문은 저자의 번역.

23 René Thom, *Modèles mathématiques de la morphogenèse*, Paris, Union Générale d'Éditions, "10-18", 1974; id., *Paraboles et catastrophes*, Paris, Flammarion, 1983.

24 Stephen Hawking et Roger Penrose, "The singularities of gravitational collapse and cosmology", *Proceedings of the Royal Society*, serie A, vol. 314, no. 1519, 1970, p. 529-548; rspa.royalsocietypublishing.org.

제3장

1 『백과전서』의 '체스' 항을 참조. 온라인에서 열람 가능. encyclopedie.uchicago.edu/content/browse.

2 Ray Kurzweil, *The Singularity is Near*…, op. cit.

3 *Ibid.*, p. 15-20 및 p. 62-84.

4 Georges-Louis Buffon, "Essai d'arithmétique morale", in *Suppléments à l'histoire naturelle*, t. IV[1777], p. 46-148. Texte disponible in *Corpus général des philosophes français. Auteurs modernes*, t.XLI, "Buffon", PUF, 1954.

5 영어 원문은 다음과 같다. "As Archbishop Whately remarks, every induction is a syllogism with the major premise suppressed; or (as I prefer expressing it) every induction may be thrown into the form of a syl-

logism, by supplying a major premise. If this be actually done, the principle which we are now considering, that of the uniformity of the course of nature, will appear as the ultimate major premise of all inductions, and will, therefore, stand to all inductions in the relation in which, as has been shown at so much length, the major proposition of a syllogism always stands to the conclusion, not contributing at all to prove it, but being a necessary condition of its being proved.": John Stuart Mill, *System of Logic: Ratiocinative and Inductive*, Harper & Brothers Publishers, vol. 1, livre III "Of induction", 1882, chapitre III; 불어 원문은 저자의 번역.

6 Hans-Joachim Bremermann, "Optimization through evolution and recombination", in M. C. Yovitts et al. (eds), *Self-Organizing Systems*, Washington DC, Spartan Books, 1962, p. 93-106; holtz.org/Library/Natural Science/Physics/.

7 Hans-Joachim Bremermann, "Quantum noise and information", in *5th Berkeley Symposium on Mathematical Statistics and Probability*, University of California Press, 1965; projecteuclid.org/euclid.bsmsp.

8 John von Neumann, *The Computer and the Brain*, Yale University Press, 1958.

9 Tom Simonite, "Intel puts the brakes on Moore's law", *MIT Technology Review*, technologyreview.com, 23 mars 2016.

10 Thomas Kuhn, La Structure des révolutions scientifiques[1962], trad. Laure Meyer, Paris, Flammarion, "Champs sciences", 2008.

11 이에 대해서는 시오도어 모디스의 "The singularity myth", *Technological Forecasting & Social Change*, vol. 73, no. 2, 2006 참조.

12 Éric Buffetaut, *Sommes-nous tous voués à disparaitre?*, Le cavalier bleu, 2012; Charles Frankel, *Extinctions. Du dinosaure à l'homme*, Pans, Seuil, "Science ouverte", 2016.

13 David M. Raup et J. John Sepkoski Jr., "Mass extinctions in the marine fossil record", *Science*, vol. 215, no. 4539, 1982, p. 1501-1503.

14 Stephen Jay Gould, *L'Éventail du vivant. Le mythe du progrès*, Paris, Seuil, "Points Sciences", 2001.

15 John McCarthy, Marvin Minsky, Nick Rochester et Claude Shannon, "A proposal for the Dartmouth summer research project on artificial intelligence, August 31, 1955"; 온라인에서 열람 가능. www.aaai.org. 이 연

구는 당시 아직 20대였던 존 매카시와 마빈 민스키가 제안한 것으로 보인다. 왜냐하면 그들은 자신들의 연구의 신뢰성을 높이기 위해 이미 유명세를 타고 있던 닉 로체스터와 클로드 섀넌에게 이를 지지해줄 것을 요구했기 때문이다.

16 Stanislas Dehaene, *La Bosse des maths*, Odile Jacob, Paris, 1997.

17 *Id., Les Neurones de la lecture*, Odile Jacob, 2007.

제4장

1 Jacques Pitrat, *Artificial Beings. The Conscience of a Conscious Machine*, Wiley, 2009.

2 Saul Amarel, "On representation of problems of reasoning about actions", *in* D. Michie (ed.), *Machine Intelligence*, vol. 3, Edinburgh University Press, 1968, p. 131-171.

3 Herbert Gelernter, "A note on syntactic symmetry and the manipulation of formal systems by machine", *Information and Control*, vol. 2, 1959, p. 80-89.

4 Gottfried August Bürger, "Aventures du baron de Münchhausen dans la guerre contre les Turcs", in *Mésaventures du baron de Münchhausen*, 1786.

5 Alan Turing, "Intelligent Machinery – National Physical Laboratory Report" [1948], *in* B. Meltzer et D. Michie(eds), *Machine Intelligence*, vol. 5, Edinburgh University Press, 1969. Id., "Computing machinery and intelligence", *Mind*, vol. 59, no. 236, 1950, p. 433-460.

6 자세한 내용은 제5장에서 기술.

7 *Cf.* futureoflife.org/AI/open_letter.

8 *Cf.* futureoflife.org/AI/open_letter_autonomous_weapons.

9 ethicaa.org/.

10 Vladimir Vapnik, *Statistical Learning Theory*, Wiley-Blackwell, 1998.

11 Leslie Valiant, "A theory of the learnable", *Communications of the ACM*, vol. 27, no. 11, novembre 1984, p. 1134-1142.

12 *Id., Probably Approximately Correct – Nature's Algorithm for Learning and Prospering in a Complex World*, Basic Books, 2014.

제5장

1 Oswald Spengler, *Le Déclin de l'Occident* (2 tomes 1918-1922), Paris, Gallimard, 2000[1948].

2 John McCarthy, Marvin Minsky, Nathan Rochester et Claude Shannon, "A proposal for the Dartmouth summer research project on artificial intelligence, August 31, 1955", art. cit.

3 불어 원문은 저자의 번역.

4 Julien Offray de La Mettrie, L'Homme machine, 1747 ; 온라인에서 열람 가능. fr.wikisource.org.

5 Hubert Dreyfus, *Intelligence artificielle. Mythes et limites*, Flammarion, 1992 와 *What Computers Still Can't Do: A Critique of Artificial Reason*, MIT Press, 1992 참조.

6 John Searle, "Minds, brains and programs", *The Behavioral and Brain Sciences*, vol. 3, cambridge University Press, 1980; tr. fr. "Esprits, cerveaux et programmes", *in* Douglas Hofstadter et Daniel Dennett, *Vues de l'Esprit*, Paris, Interéditions, 1987, p. 354-373.

7 John Searle, *Du cerveau au savoir*, Paris, Hermann, 1985.

8 Hans Jonas, *La Religion gnostique. Le Message au Dieu étranger et les débuts du christianisme*, trad. L. Evrard, Paris, Flammarion, 1978[1954].

9 Raymond Ruyer, *La Gnose de Princeton*, Paris, Fayard, 1974.

10 Hans Leisegang, *La Gnose*, Paris, Payot, "Petite bibliothèque", 1951[1924].

11 Henn-Charles Puech, *En qyête de la gnose*, tome I: *La Gnose et le temps*, Paris, Gallimard, 1978.

12 Ray Kurzweil, *The Singularity is Near*…, op. cit.

13 제3장 참조.

14 Ray Kurzweil, *The Singularity is Near*…, op. cit.

15 *Cf. Ibid.*, p. 20. '발전의 기준이 되는 단계Canonical Milestones'라는 제목의 도표의 각 단계를 열거한 것: 불어 원문은 저자의 번역.

16 이곳에 열거한 저자들의 작품과 관련된 정보는 제2장에서 찾아볼 수 있다.

17 Robert Geraci, *Apocalyptic AI. Visions of Heavens in Robotics, Artificial Intelligence, and Virtual Reality*, Oxford University Press, 2010.

18 *Cf.* neurofuture.eu.

19 Lee Gomes, "Facebook AI director Yann LeCun on his quest to unleash deep learning and make machines smarter", spectrum.ieee.org, 18

février 2015.

제6장

1 Bill Joy, "Why the future doesn't need us", art. cit.
2 Hans Moravec, *Mind Children: The Future of Robot and Human Intelligence, op. cit.*
3 Gottfried Wilhelm Leibniz, *Discours de métaphysique et correspondence avec Arnauld* [1686], Paris, Vrin, "Bibliothèque des textes philosophiques", 1993.
4 *Ibid.*, p. 48.
5 Jean-François Lyotard, *La Condition postmoderne. Rapport sur le savoir*, Paris, Éditions de Minuit, 1979.
6 *Cf.* ec.europa.eu/digital-agenda/en/onlife-manifesto.
7 *Ibid.*, p. 3.
8 Reinhart Koselleck, *Le Futur passé*…, op. cit.
9 Cicéron, *De la divination-Du destin-Académiques*, trad. fr. Charles Appuhn, Paris, Garnier frères, "Classiques Garnier", livre 1, chap XVIII, 1937.
10 *Cf.* www.tylervigen.com/spurious-correlations.
11 Rick Weiss et al., *"Study debunks theory on teen sex, delinquency"*, *Washington Post*, 11 novembre 2007; washmgtonpost.com.
12 George Rebane et Judea Pearl, *"The rcovery of causal polytrees from statistical data"*, *Proceedings, 3rd Workshop on Uncertainty in AI*, Seattle, 1987, p. 222-228. Peter Spirtes, Clark N. Glymour et Richard Scheines, Causation, Prediction, and Search(1re éd.), Springer-Verlag, 1993.
13 Ciéron, *De la divination, op. cit.*, chapitre XIV.
14 John Stuart Mill, *Système de logique déductive et inductive*, trad. fr. Louis Peisse, Paris, Librairie philosophique de Ladrange, Livre III, 1866[1843], chapitre III, § 1.
15 Ariel Colonomos, *La Politique des oracles. Raconter le futur aujourd'hui*, Paris, Albin Michel, "Bibliothèque Idées", 2014.
16 *Ibid.*, p. 108-120.

17 *Ibid.*, p. 120-131.

18 이 주제에 관해선 다음 논문을 참조: Theodore Modis, "The singularity myth", *Technological Forecasting & Social Change*, vol. 73, no. 2, 2006.

19 제3장 참조.

20 David Sanford Horner, "Googling the future: The singularity of Ray Kurzweil", *in* T. W. Bynum et al. (eds), *Proceedings of the Tenth International Conference: Living, working and learning beyond technology-Ethicomp 2008*, Université de Pavie, 24-26 septembre 2008, Mantoue(Italie), Tipografia Commerciale, 2008, p. 398-407.

21 Jean-Gabriel Ganascia, "The plaited structure of time in information technology", *AISB Symposium on Computing and Philosophy*, Aberdeen(Écosse), avril 2008.

제7장

1 Eliezer Yudkowsky, "Artificial intelligence as a positive and negative factor in global risk", in *Global Catastrophic Risks*, Oxford University Press, 2011.

2 Mircea Eliade, *Le Mythe de l'éternel retour*, Paris, Gallimard, "Folio Essais", 2001.

3 Friedrich Nietzsche, *Le Gai Savoir*, trad. Henri Albert, Paris, Société du Mercure de France, 1901, § 341, p. 295-296.

4 Louis-Auguste Blanqui, *L'Éternité par les astres*, Paris, Librairie Germer Baillière, 1872 ; 온라인으로 열람 가능. classiques.uqac.ca/classiques.

5 Nicolas de Condorcet, *Esquisse d'un tableau histonque des progrès de l'esprit humain* [1793-1794], Vrin, "Bibliothèques des textes philosophiques", 1970, p. 218 : 온라인으로 열람 가능. classiques.uqac.ca/classiques.

6 René Thom, *Paraboles et catastrophes*, *op. cit.*

7 René Thom, *Modèles mathématiques de la morphogenèse*, *op, cit.*

8 Jean-Pierre Dupuy, *Pour un catastrophisme éclairé*, Paris, Seuil, 2002.

9 Hannah Arendt, *The Human Condition*, University of Chicago Press, 1958.

10 David Sanford Horner, "Googling the future: The singularity of Ray

Kurzweil", art. cit.

11 Amnon H. Eden, James H. Moor, Johnny H. Søraker et Eric Steinhart(eds), *Singularity Hypotheses*…, op. cit.

12 Jean-Michel Besnier, *Demain les posthumains*, Paris, Hachette Littérature, 2009.

13 Cory Doctorow et Charles Stross, *The Rapture of the Nerds: A Tale of the Singularity, Posthumanity, and Awkward Social Situations*, Titan Books, 2013.

14 Luc Ferry, *La Révolution transhumaniste*, Plon, 2016.

15 Giovanni Pico della Mirandola, *De la dignité de l'homme*, trad, du latin et préfacé par Yves Hersant, Éditions de I'Éclat, "Philosophie imaginaire", 1993 ; 온라인으로 열람 가능. www.lyber-eclat.net/lyber/mirandola/pico.html.

16 Günther Anders, "Une interprétation de l'a posteriori", trad. fr. Emmanuel Levinas, in *Recherches philosophiques* [revue fondée par A. Koyré, H.-Ch. Puech et A. Spaier, chez Boivin & Cie, rue Palatine, Paris(VIe)], vol. 4, 1934, p. 65-80; www.lesamisdenemesis.com/?p=86.

17 제5장 참조.

제8장

1 *Cf.* singularityu.org.

2 Max Tegmark, "Elon Musk donates $10M to keep AI beneficial", futureoflife.org, 12 octobre 2015.

3 이 점에 대해서는 생명의 미래 연구소의 2015년 활동 보고를 읽어보면 알 수 있다. futureoflife.org/wp-content/uploads/2016/02/FLI-2015-Annual-Report.pdf.

4 칼리코Calico는 캘리포니아 라이프 컴퍼니California Life Company를 말한다. www.calicolabs.com.

5 Nicolas de Condorcet, *Esquisse d'un tableau historique des progrès de l'esprit humain*, op. cit., p. 217.

6 Luc Perry, *La Révolution transhumaniste, op. cit.*

7 *Ibid.*

8 National Association of Securities Dealers Automated Quotations,

marché des actions des entreprises de haute technologie.

9 "Basically, our goal is to organize the world's information and to make it universally accessible and useful."

10 Martin Untersinger, "Terrorisme: pour contourner le chiffrement des messages, Bernard Cazeneuve en appelle à l'Europe", *lemonde*.fr, 23 août 2016.

11 Cf. cnnumerique.fr/tribune-chiffrement/.

12 "En s'attaquant au chiffrement contre le terrorisme, on se trompe de cible", *lemonde*.fr, 22 août 2016.

13 Cf. www.heise.de/downloads/18/1/8/7/6/2/5/4/Tribunechiffrement-VDE.pdf.

14 www.cypherpunks.to/와 선언문 "Cyphernomicon"(www.cypherpunks.to/faq/cyphernomicron/cyphernomicon.html) 참조.

15 선언문 "crypto-anarchie": www.activism.net/cypherpunk/crypto-anarchy.html 참조.

16 *b-money*에 관한 웨이 다이Wei Dai의 원고 : www.weidai.com/bmoney.txt 참조.

17 Satoshi Nakamoto, "Bitcoin. A peer-to-peer electronic cash system", bitcoin.org/bitcoin.pdf, 2008.

18 프랑스 국민교육부 홈페이지 "Numérique à l'école : partenariat entre le ministère de l'Éducation nationale et Microsoft", www.education.gouv.fr 참조.

19 "Référentiel général d'interopérabilité", references.modernisation.gouv.fr, version 2.0, décembre 2015 참조.

20 Hal Hodson, "Revealed: Google AI has access to huge haul of NHS patient data", *Technology News, New Scientist*, 29 avril 2016; www.newscientist.com.

21 California Lire company.

22 Emil Cioran, *Syllogismes de l'amertume*, Paris, Gallimard, "Folio", 1987.

Le mythe de la Singularité

찾아보기

ㅇ

ㅎ

특이점의 신화

인공지능을 두려워해야 하는가

초판 인쇄 2017년 12월 21일
초판 발행 2017년 12월 28일

지은이 장가브리엘 가나시아
옮긴이 이두영
펴낸이 강성민
편집장 이은혜
편집 박은아 곽우정 김지수 이은경
편집보조 임채원
마케팅 이숙재 정현민
홍보 김희숙 김상만 이천희
독자모니터링 황치영

펴낸곳 (주)글항아리 | 출판등록 2009년 1월 19일 제406-2009-000002호

주소 10881 경기도 파주시 회동길 210
전자우편 bookpot@hanmail.net
전화번호 031-955-8891(마케팅) 031-955-1936(편집부)
팩스 031-955-2557

ISBN 978-89-6735-463-3 03400

글항아리 사이언스는 (주)글항아리의 과학 브랜드입니다.

이 도서의 국립중앙도서관 출판예정도서목록(CIP)은 서지정보유통지원시스템 홈페이지(http://seoji.nl.go.kr)와 국가자료공동목록시스템(http://www.nl.go.kr/kolisnet)에서 이용하실 수 있습니다. (CIP제어번호 : CIP2017033195)